朝向公共生活的反思与阐释

政治现象学丛书

张凤阳　王海洲　主编

『情』的力量

公共生活中的情感政治

袁光锋　著

江苏人民出版社

图书在版编目（CIP）数据

"情"的力量：公共生活中的情感政治 / 袁光锋著
. —南京：江苏人民出版社，2022.10（2024.2 重印）
（政治现象学丛书）
ISBN 978-7-214-26762-7

Ⅰ.①情⋯ Ⅱ.①袁⋯ Ⅲ.①情感—研究 Ⅳ.
①B842.6

中国版本图书馆 CIP 数据核字（2021）第 270680 号

书　　　名	"情"的力量：公共生活中的情感政治	
著　　　者	袁光锋	
责 任 编 辑	曾　偲	
特 约 编 辑	王暮涵	
装 帧 设 计	言外工作室·林夏	
内 文 设 计	赵春明	
责 任 监 制	王　娟	
出 版 发 行	江苏人民出版社	
地　　　址	南京市湖南路 1 号 A 楼，邮编：210009	
照　　　排	江苏凤凰制版有限公司	
印　　　刷	南京爱德印刷有限公司	
开　　　本	890 毫米×1240 毫米　1/32	
印　　　张	10.125　插页 5	
字　　　数	201 千字	
版　　　次	2022 年 10 月第 1 版	
印　　　次	2024 年 2 月第 2 次印刷	
标 准 书 号	ISBN 978-7-214-26762-7	
定　　　价	55.00 元（精装）	

（江苏人民出版社图书凡印装错误可向承印厂调换）

政治现象学丛书
总　序

　　现象学传统的滥觞可溯至康德和黑格尔两大哲学巨擘，他们的"一般现象学"和"精神现象学"为探寻澄清事物本质之道提供了重要理论资源。但是，现象学成为一场哲学运动，是与胡塞尔的名字联系在一起的。百余年来，现象学的影响力已传至哲学之外，以其特殊的方法论助力诸多学科杜弊清源、开疆拓土，其中人文和社会科学领域内的葳蕤者有"语言现象学""现象学美学""现象学心理学""历史现象学"和"现象学社会学"，等等。与这些学科交叉的硕果相比，"政治现象学"长久以来一直"含苞待放"。胡塞尔在初创时期就敏锐地意识到，建立"一门关于人和人的共同体的理性科学"是现象学的未来任务；德国现象学学会前主席黑尔德（Klaus Held）也强调，设立"一门相应的政治世界及其构造的现象学"乃众望所归。这种来自现象学大师的意见并未有效催生出政治现象学之花，也许有两个主要原因：在主观方面，无论是现象学哲学家还是政治学家，或因忙于各自学科的主流任务而无暇旁顾，或因学科之间差异巨大而临渊兴叹；在客观方面，"政治"无疑是迄今为止人类世界中最难测度的现象类型，对以"澄清"为目标的现象学来说是一个过于复杂的对象。但是，晚近出现的一些新情况，为政治现象学的蓬勃发展提供了有利契机。

近年来，在现象学哲学家集中关注政治生活中的伦理状况同时，政治学家们也致力于广泛而深入地反思政治学科的建设。实际上，亚里士多德早在两千多年前就曾指出："我们如果对任何事物，对政治或其他各问题，追溯其原始而明白其发生的端绪，我们就可获得最明朗的认识。"这不仅是一种具有政治现象学特征的"技术"，更是一种具有政治现象学意味的"思维"。不过，生长了两千多年的政治学之树，在20世纪以来迅速分化出了政治科学和政治哲学两大枝干，时至今日俱是枝繁叶茂、遮天蔽日，但也各指青天、罕相闻问。两者在知识体系、理论、方法乃至逻辑上日积月累，各自形成了若干特殊的偏好和设定，以至于有政治学者将其戏称为"政治算术"和"政治几何"。从某种偏好出发意味着未能直面现象之本质，而诸多设定的堆集则可能会造成概念的冗余和重负。以回到生活世界为旨归的现象学或能为开拓政治学研究的新路提供一些启示。由此，政治现象学的基本追求就可简单归结为两点：一是"补缺"，它在一定程度上接受"朝向实事本身"的现象学原则，以尽可能恰切地把握对象的种种属性；二是"减负"，它借用和改造"悬搁""还原"等现象学方法，归置和验证存在于对象内外的种种定见。

　　政治现象学处理的对象与现象学大相径庭，因此必须对现象学方法论进行一定程度的择取和改造。现象学主要研究人类经验如何在意识中得以呈现，面对的是意识构建的方式和状态；而政治现象学旨在描述、分析和解释人类的政治行为，面对的是丰富、生动的公共生活，要对之进行现象学式的悬搁和还原，难度非常之高。政治现象学方法的构建，除灵活借鉴现象学方法论的精髓和充分尊重政治学研究对象的特性之外，还需考虑到其在政治学领域内的可操作性——对于很多政治学者来说，现象学精深博大、晦涩难懂，似非学科交叉的良伴。但一些现象学家的意见帮助我们打消了这种顾虑，例如索科拉夫斯基（Robert Sokolowski）就认为，在使用现象学术语时不必拘泥于经典现象学家们的思考，也不要将这些术语束缚在僵死的文本中。恩布里（Lester Embree）从另一个角度指出，自称为现象学家的人应该记住"反思性分析"这一方法才是现象学之根，不要被所谓的"文献学"和"辩论癖"这两种"假冒物"所拖累。实际上，胡塞尔和海德格尔等现代现象学奠基者也曾多次强调，现象学在根本上是一门用于澄清和揭示事物之本质的"方法"。有鉴于此，我们认为，在政治现象学方法的构建中，应在三方面深虑远议。一是如何将"悬搁""还原"和"本质直观"等现象学方法运用于政治学研究，以增强对公共生活的描述精度；二是如何将现象学的意向性与政治学的实践感紧密结合，以提升对公共生活的质感体验；三是如何将公共生活中的对象置于"周围世界"进行"情境式"查探，以把握其意义建构的内容和方式。

"政治现象学"（political phenomenology）有两副面孔：一是现象学哲学领域中对于政治生活之伦理和逻辑的思考，2016 年以来西方哲学界在此方面的研究有勃发之势，我们择要编入"政治现象学译丛"中予以介绍。二是政治学领域中借助现象学方法论对政治理论和实践展开的研究，本丛书的作者们便是在此道路上以不同的程度或方式运用现象学的思维、方法或理论等，对公共生活中的各种具象或抽象的对象展开研究。这些研究从某种意义上来说都是"未竟"的成果，指向了更为广阔的空间。这种永在其途的研究态势也合乎现象学方法的根本要求，恰如梅洛－庞蒂所言："现象学的未完成状态和它的步履蹒跚并不是失败的标志，这种情况是不可避免的，因为现象学的任务是揭示世界的秘密和理性的秘密。"的确，政治生活变得越来越复杂，政治学科自身也不断发展壮大，在这种"浮云遮望眼"之下，政治现象学或有可能是一种"明目剂"。当然，我们的探索离不开广大学界同仁和读者诸君的批评和支持——这也是政治现象学发展中不可或缺的要素之一。

张凤阳　王海洲
2022 年秋于南京大学仙林校区圣达楼

目　录

导　言

情感：一个麻烦制造者？

政治的头脑是一个情感的头脑。

——韦斯滕

情感在公共生活中的意义日益凸显：灾难事件唤起的同情跨越了国家，塑造了人们对于难民政策的看法；愤怒日益深刻地介入国际政治和国际舆论之中，激愤的网民通过社交媒体发表言论影响公共政策；仇恨在世界各地此起彼伏，加剧了不同国家、不同群体之间的对立和冲突；怀旧从日常消费领域蔓延到政治领域，推动了反全球化的浪潮；民粹主义的观念和情绪正影响着不少国家的政策制定；社交媒体上充斥着情感的表达，带来后真相的问题。情感也在影响以客观性为理念的新闻业，改变着它的风格。这个时代的人们似乎更容易被情感所左右。情感既连接了不同群体，也造成了部分群体之间的割裂。这些现象都显示出情感的重要性，以至于一些观察家认为，"当代文化的特点是越来越情绪化"[1]。学界用诸如"后真相""情

---

[1] Wahl-Jorgensen，K.，*Emotions，Media and Politics*，Cambridge：Polity Press，2019，p.2.

感极化""情感公众"等概念来描述这些新的政治和社会现象。
本书力图呈现情感在公共生活中的价值和后果。

提及公共生活，必须回到它的研究传统。桑内特（Sen-
nett，R.）在《公共人的衰落》一书的"中文版序"中，指出
了公共生活研究的三个传统：

> 你们可以把西方对公共生活的理解当成一个精神
> 的等边三角形。其中一条是哈贝马斯的边，"公共"的
> 构成要素就是人们试图超越他们自身的物质利益的斗
> 争；第二条是阿伦特的边，"公共"由一些特殊的市民
> 组成，这些市民彼此之间进行非人格的、平等的对
> 话，他们拒绝用他们的同一性语言来交谈。第三条是
> 以我和我的学派为代表的边，"公共"是形象而具体
> 的；它主要研究人们和陌生人说话的方式。[1]

哈贝马斯（Habermas，J.）、阿伦特（Arendt，H.）与桑内特
构成了公共生活研究的三个理论脉络。本书的导言部分将回到
这三个脉络，分析和比较三位思想家对情感与公共生活之关系
的论述，展示情感与公共生活之间的多种关联。

在关于公共生活的讨论中，广为接受的是理性主义范式，
情感经常被视为"一个麻烦制造者，侵入了不属于它的地方，

---

[1] 理查德·桑内特：《公共人的衰落》，李继宏译，上海：上海译文出版社，2014年，中
文版序第2页。

破坏了我们对于审议能力的不受干扰的运用"[1]。但近些年来，人们对情感的认知日益加深，开始质疑"理性—情感"二元论并重新阐释公共生活中情感的意义。[2] 本书即将分析的哈贝马斯、阿伦特和桑内特，都以不同方式探讨了情感与公共生活的关系。哈贝马斯通常被认为是理性主义的代表，但他对情感的观念并非"理性主义"的标签所能涵盖，其后期文本显示出他对于情感的复杂态度。阿伦特和桑内特对于情感有很多讨论。人们熟知的是阿伦特在《论革命》中对于同情的批判，但她在其他著作中对情感有更复杂的理解。桑内特讨论的是亲密关系如何塑造了公共生活，关注现代人的自恋以及对亲密关系的追求如何造成公共生活的衰落。身处电子媒介时代的我们更能够体会亲密关系的追求对公共生活的影响。接下来，本书将详细论述三者的观点。

一、 共情与"角色承担"

哈贝马斯在探讨公共领域、审议、交往行为的时候，强调理性和认知的价值。马库斯（Marcus，G. E.）指出，哈贝马斯的姿态是众所周知的：为了让公众做出理性的决策，必须创造近乎完美的言语条件，所谓的"近乎完美的言语条件"是指

---

1 Marcus，G. E.，*The Sentimental Citizen*：*Emotion in Democratic Politics*，The Pennsylvania State University Press，2010，p. 5.

2 参见莎伦·R. 克劳斯《公民的激情：道德情感与民主商议》，谭安奎译，南京：译林出版社，2015 年。

在其中，所有参与者的理性协商是公共政策的唯一决定因素，人们能够表达理性和实践审议。[1] 非常明确的是，在哈贝马斯的思想中，情感会破坏理性。[2] 哈贝马斯甚至被称为"认知主义的理论家"（cognitivist theorists）。[3] 的确，哈贝马斯比较看重理性的能力，在其著作的表述中，也主要使用了与理性相关的术语。但就此认为"情感"在哈贝马斯的思想中无足轻重，并不确切。

《公共领域的结构转型》是哈贝马斯研究公共生活的代表作。哈贝马斯在这本书中讨论了公共领域的问题。他划分了三种类型的公共领域：代表型公共领域、文学公共领域与政治公共领域。新闻传播学、政治学等领域经常使用的"公共领域"概念多是指"政治公共领域"，但文学公共领域也在其中扮演着很重要的角色，它是进入政治公共领域的中介，通过它，"与公众相关的私人性的经验关系也进入了政治公共领域"[4]。与政治公共领域不同，文学公共领域主要是对人性、私人性的讨论，通过阅读文学作品，"作者、作品以及读者之间的关系变成了内心对'人性'、自我认识以及同情深感兴趣的私人相互之

1　Marcus，G. E.，*The Sentimental Citizen：Emotion in Democratic Politics*，The Pennsylvania State University Press，2010，p. 5.

2　Ibid.，p. 6.

3　Krause，S.，"Desiring Justice：Motivation and Justification in Rawls and Habermas," *Contemporary Political Theory*，2005(4)：364.

4　尤尔根·哈贝马斯：《公共领域的结构转型》，曹卫东、王晓珏、刘北城、宋伟杰译，上海：学林出版社，1999年，第55页。

间的亲密关系"[1]。在"他们组成了以文学讨论为主的公共领域"中，"通过文学讨论，源自私人领域的主体性对自身有了清楚的认识"。[2] 这种对于私人性、人性的认识，虽然不具有政治公共领域的功能，但也是一个启蒙的过程，哈贝马斯写道：

> 一方面，满腔热情的读者重温文学作品中所表现出来的私人关系；他们根据实际经验来充实虚构的私人空间，并且用虚构的私人空间来检验实际经验。另一方面，最初靠文学传达的私人空间，亦即具有文学表现能力的主体性事实上已经变成了拥有广泛读者的文学；同时，组成公众的私人就所读内容一同展开讨论，把它带进共同推动向前的启蒙过程当中。[3]

文学公共领域主要由小说和新闻构成，其中，最重要的不是"理性"和认知，而是"不断地交流情感体验"[4]。可见，"情感"交流在文学公共领域的形成中具有重要的作用，它亦有助于启蒙主体性的建构。在政治学、新闻传播学等领域的研究中，文学公共领域的概念虽然没有得到像"政治公共领域"一样得到重视，但也被一些学者用于理解电视公共领域、特定时

1　尤尔根·哈贝马斯：《公共领域的结构转型》，曹卫东、王晓珏、刘北城、宋伟杰译，上海：学林出版社，1999年，第54页。

2　同上书，第55页。

3　同上书，第54页。

4　Lee, H., "All the Feelings That are Fit to Print: The Community of Sentiment and the Literary Public Sphere in China, 1900 – 1918," *Modern China*, 2001, 27 (3): 291 – 327.

代的文学作品的意义。例如，麦圭根（McGuigan，J.）将这一概念扩展为"文化公共领域"，建议重视审美的、情感的传播方式在公共生活中的意义。[1] 李海燕（Lee，H.）借助文学公共领域的概念分析了 20 世纪初期中国充满情感的流行文化与文学作品。[2] 20 世纪 80 年代中国社会流行的伤痕文学、1990 年之后兴起的打工文学，都值得在哈贝马斯"文学公共领域"的框架下被重新阐释。在互联网构筑的传播环境中，传统的职业新闻人在衰落，自媒体兴起，视觉化、故事化、文学化的表达等成为信息传播的重要特征，情感的意义更加显著。文学/文化公共领域的概念有助于理解这种传播环境中的公共生活。

当然，哈贝马斯最看重政治公共领域的功能。人们对于哈贝马斯"理性主义"的印象，部分也是来自他关于政治公共领域的论述。但哈贝马斯的其他作品则呈现出其对于"情感"较为复杂的态度。在后期著作中，哈贝马斯也承认同情能力的价值。弗雷泽指出，"哈贝马斯在晚期著作中承认'如果没有人与人之间的同情，那么任何审议都不可能得出值得普遍认同的结果'。"[3] 哈贝马斯认为成熟的道德判断是认知和情感的结合，"没有每一位人对其他人的共情，审议中就不会有得到普遍同

---

1 McGuigan，J.，"The cultural public sphere，" *European Journal of Cultural Studies*，2005，8(4)：427 – 443.

2 Lee，H.，"All the Feelings That are Fit to Print：The Community of Sentiment and the Literary Public Sphere in China，1900 – 1918，" *Modern China*，2001，27 (3)：291 – 327.

3 迈克尔·L. 弗雷泽：《同情的启蒙》，胡靖译，南京：译林出版社，第 2016 年。

意的解决方案。"[1] "这种将认知运作与情感倾向和态度结合起来为规范进行辩护和应用的做法，是成熟的道德判断能力的特征。"[2] 综合来看，哈贝马斯认为，情感在政治中具有如下三种功能：

> 首先，道德情感对道德现象的构成具有重要作用。如果我们对一个人的完整性受到威胁或侵犯没有感觉，就根本不会洞察某些行为冲突在道德上的重要性。情感构成我们对道德的事物的感知基础。道德盲视者，必然情感麻木。他缺乏一种感受能力，即一种对有权保持人格和肉体完整性的脆弱的生命痛苦的感受能力。这种感受能力显然与同感或同情密切相关。其次，道德情感……能指引我们对具有重要道德意义的具体情形做出判断。……道德情感会对主体间承认关系或人际关系的异常做出反应。……最后，道德情感当然不仅在道德规范的应用中，而且也在道德规范的论证中起着重要作用。起码的共情，即跨越文化距离，设身处地地理解乍看无法理解的陌生的生活环境、反应和解释视角，是理想的角色承担的情感前

1　Habermas，J.，*Moral Consciousness and Communicative Action*，Translated by Christian Lenhardt and Shierry Weber Nicholsen，Polity Press，1990，p.202.

2　Ibid., p.182.

提，这种角色承担要求每个人都能换位思考。[1]

哈贝马斯之所以赋予情感以一定的价值，与他的交往行为理论中"角色承担"的概念有关。在其交往行为理论中，"角色承担"（role taking）是重要的概念。哈贝马斯的对话伦理要求参与者能够进行角色承担，即每位参与者"都必须将自己置于他人的位置"。[2] 并且，在哈贝马斯的话语模式中，这种换位思考要具有普遍性和相互性，这样才能够将它融入达成理性共识的过程之中。[3] 人与人之间的情感交流对于达到更好的角色承担和换位思考具有重要意义，因为"站在他人的位置"不仅了解知道他人的态度、价值观、认知，还需要体会他的喜怒哀乐。哈贝马斯承认，共情在话语伦理中意义显著，它能够支持角色承担和提供团结的基础，帮助参与者站在他人的立场。[4] 当然，我们也不能高估哈贝马斯对于情感的评价。他限制了情感的角色，把角色承担首先视为认知的活动[5]，"即便感情在公众审议中的地位得到了一定的承认，但很明显哈贝马斯的政治

---

1 转引自斯蒂芬·穆勒-多姆《于尔根·哈贝马斯：知识分子与公共生活》，刘风译，北京：社会科学文献出版社，2019 年，第 421 页。

2 Habermas, J., *Moral Consciousness and Communicative Action*, Translated by Christian Lenhardt and Shierry Weber Nicholsen, Polity Press, 1990, pp. viii - ix.

3 Ibid., p. viii.

4 Morrell, M. E., *Empathy and Democracy: Feeling, Thinking, and Deliberation*, The Pennsylvania State University Press, 2010, p. 76.

5 Ibid.

理论更依赖于公民的理性，而非感情和想象力"[1]。尽管如此，哈贝马斯关于共情能力与角色承担、公共讨论之间的关系，依然为理解情感在公共生活中的意义提供了新的视角。本书对于共情的讨论受益于哈贝马斯的启发。

二、 情感的反交流性与情感缺乏的后果

作为公共生活研究的另一位代表人物，阿伦特对情感的态度是复杂的。她警惕激情和情感对于原则的破坏。[2] 她对情感的态度尤其表现在对于同情的批判上。在著名的《论革命》一书中，阿伦特对比了美国革命和法国大革命。与美国革命的"克制"相比，法国大革命似乎展示了更为充沛的革命激情，尤其是弥漫着的同情。阿伦特指出，"同情的激情到处蔓延，使一切革命中的仁人志士蠢蠢欲动。"[3] 阿伦特认为，在法国大革命中，对理性的贬低和对同情、激情的张扬，使得法国大革命表现出与美国革命不同的形态，法国大革命中充满了同情、愤怒、怜悯等情感，这些类型的情感塑造了法国大革命。

阿伦特批判法国大革命中的同情，本质上批判的是进入公共空间的同情。她"并不否定对具体个体的同情，而否定同情

---

1 迈克尔·L. 弗雷泽：《同情的启蒙》，胡靖译，南京：译林出版社，2016 年，第217 页。
2 Reshaur, K., "Concepts of solidarity in the political theory of Hannah Arendt," *Canadian Journal of Political Science*，1992，25(4)：723.
3 汉娜·阿伦特：《论革命》，陈周旺译，南京：译林出版社，2011 年，第58 页。

在公共领域里转化为抽象的、观念的怜悯"[1]。作为一种激情，同情被引入政治之后，面临的最大问题就是它沉默的本质和反交流的特征。阿伦特心中理想的公共空间是可以言说的，人与人既能够联系在一起，同时又保持彼此之间的"距离"，相互独立。但同情却有以下几种特征：首先，它取消了人与人之间的距离，这带来一些政治后果。第一，取消了距离就"取消了人与人之间世界性的空间"，在阿伦特看来，"政治问题，整个人类事务领域都居于此空间之中，因此，从政治上说，同情始终是无意义和无结果的。"[2] 第二，取消了距离使得"那些只有在个体之间的空间中才能出现的品质"缺乏，比如言说的能力，因此，同情无法进行有争辩性的言说。[3]

其次，同情也是沉默的和反交流的，不喜言说。阿伦特指出：

> 同情是以高度的激情全身心地投向受苦者本人。痛苦借助纯然自我流露的声音和手势，得以在世界中呈现和被聆听，只有在不得不对之做出回应的时候，同情才会发言。一般说来，同情并非要改变现世的条件以减轻人类的痛苦。不过，如果让同情来做，它就会尽量避免那冗长乏味的劝说、谈判和妥协的过程，

1　孙传钊：《阿伦特两论》，《中国图书评论》2011年第1期。
2　汉娜·阿伦特：《论革命》，陈周旺译，南京：译林出版社，2011年，第73页。
3　菲利普·汉森：《历史、政治与公民权：阿伦特传》，刘佳林译，南京：江苏人民出版社，2004年，第247—248页。

> 即法律和政治的过程，而是为痛苦本身发言，这就要
> 求快捷的行动，这不外乎付诸暴力手段。[1]

对于阿伦特来说，真正的政治恰恰是言说。她对于"同情"和"怜悯"的批判部分来自西方的传统。海因斯（Heins，V）指出，阿伦特也是生活在一个这样的世界：情感是非理性的、动物式的，是对理性的破坏，因此，情感被与大众的黑暗力量联系在一起。[2] 根据阿伦特的观点，如果由"情感"支配，公共事务就不可能是民主的，不管它有多高尚。[3] 她总是警告唤醒集体情感所带来的对理性的颠覆。[4] 阿伦特的思想根底依然没有脱离西方理性主义的传统，即在理性主义的框架下讨论情感，"阿伦特在很多方面都延续了情感与理性的经典区分，以及相应的公共领域的理念，即只承认理性。"[5]

阿伦特反对情感进入公共生活，并不仅仅表现在对法国大革命的研究中。她对纳粹、犹太人、德国等问题的不少反思，都常被人批评是"冷酷无情的"（heartless）。阿伦特回应道，"通常来说，在我看来，'心'在政治中的作用是值得怀疑的。你和我一样清楚，那些仅仅报告某些令人不快的事实的人，经常被指责为缺乏灵魂，缺乏'心'，或者缺乏你所说的

1 汉娜·阿伦特：《论革命》，陈周旺译，南京：译林出版社，2011年，第73页。
2 Heins，V.，"Reasons of the Heart：Weber and Arendt on Emotion in Politics," *The European Legacy*，2007，12(6)：716.
3 Ibid.，12(6)：723.
4 Ibid.
5 Ibid.，12(6)：725.

'Herzenstakt'。换句话说，我们都知道，这些情感是多么频繁地被用来掩盖事实真相的。"[1] 易言之，在阿伦特看来，情感会让人们远离"事实"。面对"事实"，需要的恰恰是"无情"（heartlessness）。对阿伦特来说，选择面对"现实"，就需要拒绝亲密关系和同情（empathy）。[2]

　　阿伦特对政治中情感的质疑，在学界已有不少论述。但她在二战德国战败后完成的文章显示了其对"情感"的态度并不是像人们之前认为的那么简单。阿伦特在《纳粹统治的后果：来自德国的报告》一文中，传达了关于"情感"的更多信息。[3]在战后德国，德国人并没能够面对本国的历史和现实，相反，阿伦特认为他们在逃离现实，其中，最让人震惊和恐惧的一面是把"事实"当作好像只是一种"意见"（opinions），比如谁开始了最后一次战争，这绝不是一个激烈的辩论，却有着令人惊讶的各种各样的意见。在德国南部，一位相当聪明的女性说是俄国人发动了战争。这样的观点都以"每个人都有表达观点的权利"作为借口。[4] 在阿伦特看来，这是一件严肃的事情，

---

1 转引自 Nelson，D.，"The Virtues of Heartlessness：Mary McCarthy，Hannah Arendt，and the Anesthetics of Empathy，" *American Literary History*，2006，18（1）：92。

2 Nelson，D.，"The Virtues of Heartlessness：Mary McCarthy，Hannah Arendt，and the Anesthetics of Empathy，" *American Literary History*，2006，18（1）：89.

3 Heins，V.，"Reasons of the Heart：Weber and Arendt on Emotion in Politics，" *The European Legacy*，2007，12（6）：715－728.

4 Arendt，H.，*Essays in Understanding：1930－1954*，edited and with an introduction by Jerome Kohn，Harcourt Brace & Co，1994，p.251.

不仅因为它经常让讨论变得无望，更重要的是因为德国人真的以为这种混战、这种关于事实的虚无主义的相对论，是民主的本质。[1]

战后的德国不仅存在"事实"与"意见"的混乱，还有道德上的混乱和情感缺乏的问题。海因斯指出，战争结束几年之后，阿伦特在《纳粹统治的后果：来自德国的报告》中，对她遇到的许多德国人普遍缺乏情感表达了震惊和困惑，她认为这种公民的冷酷是一种严重的政治病态。[2] 在这篇文章中，对阿伦特来说比情感更可怕的东西是完全没有情感。[3] 阿伦特说，"这种普遍的情感缺乏，至少是明显的无情，有时被廉价的多愁善感所掩盖，是最明显的外在症状，即一种根深蒂固的、顽固的，有时甚至是恶意的对曾经真实地发生的事情的拒绝面对和屈服。"[4] 此时，阿伦特似乎并不认为"无情"才能让人们面对事实，相反，在战后德国社会普遍的明显的"无情"才是对事情的拒绝。

海因斯指出，经过纳粹的统治之后，德国民众的情感发生了很大变化，阿伦特注意到战后德国情感的缺乏与"逃离现实的流行"之间的关系。既无能感到愧疚，又屈从于灾难性的悲

1　Arendt, H., *Essays in Understanding：1930 - 1954*, edited and with an introduction by Jerome Kohn, Harcourt Brace & Co, 1994, pp. 251 - 252.

2　Heins, V., "Reasons of the Heart：Weber and Arendt on Emotion in Politics," *The European Legacy*, 2007, 12(6)：725.

3　Ibid.

4　Arendt, H., *Essays in Understanding：1930 - 1954*, edited and with an introduction by Jerome Kohn, Harcourt Brace & Co, 1994, p. 249.

痛，这使得人们不去承认他们的历史和当前状态的基本事实，助长了"严重的道德混乱"。[1] 战后的德国人不仅逃离现实，还因为德国被摧毁而陷入自怜之中。德国人还表达出非常自负的希望，那就是德国将变成欧洲最现代的国家。[2] 基于对战后德国人情感症状的分析，阿伦特期待认知心理学家的洞见。认知心理学家认为情感并不总让我们盲目地面对现实，反而经常帮助我们处理意想不到的事情，尤其是当新的目标形成和我们的生活必须被重组的时候。[3]

在《论暴力》中，阿伦特又进一步明确了情感与理智的关系，肯定了情感的价值。阿伦特说："没有感情既不会导致理智，也不会促进理智。面对'难以忍受的悲剧'而表现出'超然与镇定'，也就是说，当不是出于控制而是出于明显的不理解的时候，这种表现就可能是'恐怖的'。一个人要作出理智的反应，他首先必须被'感动'。感情的反义词无论如何都不是'理智'，它或者是感动能力的缺乏，这往往是一种病理现象；或者是多愁善感，这是一种堕落的感情。"[4] 很明显，阿伦特并不认为"感情—理智"是对立的关系，她既反对没有感情

1 Heins，V.，"Reasons of the Heart：Weber and Arendt on Emotion in Politics," *The European Legacy*，2007，12(6)：725.

2 Arendt，H.，*Essays in Understanding：1930-1954*，edited and with an introduction by Jerome Kohn，Harcourt Brace & Co，1994，p.251.

3 Heins，V.，"Reasons of the Heart：Weber and Arendt on Emotion in Politics," *The European Legacy*，2007，12(6)：725.

4 转引自菲利普·汉森《历史、政治与公民权：阿伦特传》，刘佳林译，南京：江苏人民出版社，2004年，第165页。

的"理智"，也反对泛滥的感情。就此而言，阿伦特已经与新近的认知心理学、脑神经科学以及受此影响的政治哲学的观点很接近了。

三、 亲密关系与公共生活

我们现在开始讨论桑内特对情感与公共生活的研究。首先需要说明的是，桑内特在《公共人的衰落》一书中使用的"公共领域"概念，对应的英文术语并不是"public sphere"，而是"public domain"。哈贝马斯、阿伦特主要在政治的层面讨论公共领域，但桑内特的公共领域和公共生活并不主要在政治意义上。根据桑内特的界定，公共领域由熟人和陌生人构成，包括一群相互之间差异比较大的人。[1] 这一界定的"公共领域"并没有明确的政治功能，而是指与"陌生人"一起相处的空间，桑内特使用的"公共""意味着一种在亲朋好友的生活之外度过的生活"[2]。"'公共的'行为首先是一种和自我及其直接的经历、处境、需求保持一定距离的行动，其次，这种行动涉及对多元性的体验。"[3] 相较于哈贝马斯和阿伦特，桑内特讨论的"公共"和"公共领域"是更广泛的概念。

桑内特没有把公共领域的概念限制在政治领域，他并不认

---

[1] 理查德·桑内特：《公共人的衰落》，李继宏译，上海：上海译文出版社，2014 年，第21 页。

[2] 同上书，第 22 页。

[3] 同上书，第 120 页。

为情感是威胁公共生活的因素，相反，"公共的政治在某种程度上是关于感受他人的情感、欲望、意图以及痛苦"[1]。不同于阿伦特认为的情感是不可言说的，在桑内特这里，情感是可以公开表达的。我们与"陌生人"的交往，包含了情感表达。并且，人们在公共领域中的情感表达与亲密关系领域有区别，桑内特指出，"公共世界中的表达是表述一些具备自身的意义、无关乎表达的人是谁的情感状态；而亲密性社会中的情感呈现使得情感的实质取决于呈现它的人。"[2] 换言之，公共领域中的情感表达更具有普遍性。

桑内特分析的是亲密关系对于公共生活的影响。他讲述的公共领域衰落的故事发生在 18 世纪中期的巴黎和伦敦，这两个城市是当时公共生活最繁荣之地。此时，公共领域和私人领域的界限尚比较分明，"非人格"支撑着公共领域和私人领域的平衡。[3] 但到了 19 世纪后期，"人格出现在公共领域"[4]，公共领域和私人领域的平衡被打破，"人们变得越来越不会表达。人们在乎心理状态的真诚，他们的日常生活变得和表演无关"[5]。陌生人和社会的复杂性对人们来说成了一种威胁，相反，"那些能够揭露自我、有助于定义自我、发展自我或者改变自我的体验

1　Qian, J., *Re-visioning the Public in Post-reform Urban China：Poetics and Politics in Guangzhou*，Springer，2018，p.14.
2　理查德·桑内特：《公共人的衰落》，李继宏译，上海：上海译文出版社，2014 年，第 428 页。
3　同上书，第 135 页。
4　同上书，第 207 页。
5　同上书，第 49 页。

则受到人们的极度关注"[1]。

19 世纪后期的这些变化，最终导致亲密关系成为主导公共领域的原则。真诚、每个人的内心需求、温暖等都成为人与人之间交往的要求或目标。桑内特甚至认为有一种"亲密性的意识形态"，他说：

> 如今人们普遍认为人与人之间的亲密是一种好事。如今人们普遍期望从自己和他人的亲密体验和温暖体验中发展出个体的人格。如今人们普遍抱有的迷思是社会的各种坏处都能够被理解成非人格、异化和冷漠的坏处。这三者加起来就变成了一种亲密性的意识形态：全部种类的社会关系越是接近每个人内在的心理需求，就越是真实的、可以信赖的和真诚的。[2]

在"亲密性的专制统治"[3] 之下，人们开始排斥与陌生人交往，因为陌生人带来的是威胁，而不是温暖和亲密的情感体验。桑内特指出，"如果人们过于沉浸在共同体内部面对面的亲密关系中，那么他们就会不愿意去体验那些可能在较为陌生的地方发生的挫折。"[4] 相较于与陌生人相处的公共生活，人们更喜欢亲密关系主导的群体生活，在群体中，人们拒绝外部世界

1　理查德·桑内特：《公共人的衰落》，李继宏译，上海：上海译文出版社，2014 年，第 306 页。
2　同上书，第 359 页。
3　同上书，第 460 页。
4　同上书，第 405 页。

的加入，也就没有改变外部世界的意愿，"群体中的人们通过拒绝那些并不处在群体之内的人而获得了一种友爱的感觉。这种拒绝为群体创造出一种独立于外部世界、免遭外部世界打扰的要求；群体因而不再要求外部世界发生改变"[1]。但更令人担忧的是，对于"外部世界"的拒绝永无止境。"共同体的成员之间越是亲密，他们的社会交往就会越少。因为这种通过排斥'外来者'而得以完成的友爱过程从来不会终结，原因即在于'我们'的形象从来不会固定下来。"[2]

为了获得亲密关系，现代社会的人们一方面表现出"自恋主义"。桑内特甚至把"自恋"（自我迷恋）称为"当今时代的新教伦理"[3]，认为自恋毁灭了表达技巧。另一方面，人们也在不断地向他人揭露自己的情感。桑内特把这称为亲密性社会的"两重结构"："自恋主义在社会关系中被启用了，而向他人揭露自己情感的体验则变得极具破坏性。"[4]

电子媒介技术塑造了人与人之间的交往关系，极大地增加了与"陌生人"接触的机会，但桑内特并不认为电子媒介有助于公共生活的恢复，在他看来，"电子传播技术正是一种促使人们不再有公共生活的概念的技术手段。媒体大大加深了社会群体之间

1　理查德·桑内特：《公共人的衰落》，李继宏译，上海：上海译文出版社，2014年，第367页。
2　同上书，第367页。
3　同上书，第454页。
4　同上书，第363页。

的相互了解，但也毫无必要地削弱了它们的实际交往。"[1] 桑内特更认可实际交往的价值。他关于亲密关系、交往与电子媒介的论述，为我们提供了一个思考电子媒介与公共生活的视角。

四、 再现公共生活世界的情感视角

哈贝马斯、阿伦特、桑内特的论述，展示了公共生活与情感之间的多种关联。三位思想家从不同的侧面观照了情感与公共领域之间的联系，呈现了情感在公共生活中的不同价值。

哈贝马斯主要在认知层面和交往行为的过程中谈论"情感"。尽管他具有浓厚的理性主义色彩，但"理性主义"的标签却无法完全涵盖哈贝马斯对公共领域理论与情感关系的理解。交往行为中的理解和角色承担需要情感机制的参与。这样一种公共领域与情感的关系模式，可以激发关于情感新的想象。在全球化和电子媒介的时代，政治、经济和文化的边界都在模糊，不同文化、不同群体之间的交往更为频繁，环保、公共卫生等议题甚至形成跨国公共领域，与此同时，跨边界的冲突也在加剧。解决冲突，不仅需要理性的沟通，也需要情感的交流。哈贝马斯关于"文学公共领域"中情感的交流与启蒙的关系，也有助于重新理解一些时代的文学作品、文化产品和公共领域的关系。

阿伦特很少明确谈及情感与公共领域、公共生活之间有何

1　理查德·桑内特：《公共人的衰落》，李继宏译，上海：上海译文出版社，2014年，第389页。

种具体的关系，但她并没有否定情感的价值，对法国大革命中同情的批判并不代表她对情感的所有看法。阿伦特认为，没有情感的政治反而是危险的，情感能够让人们面对政治生活中的事实，而非远离事实；情感也有助于人们拒绝政治冷漠。阿伦特对于情感的洞见，尤其适合分析特定年代的情感症候与公共生活的关系。

桑内特主要是在公共表演的意义上谈论情感与公共领域之关系。"亲密关系"和"自我迷恋"导致人们拒绝面对陌生人，拒绝参与公共生活，造成了公共人的衰落。这一关联模式有助于理解当代公共生活。例如，在当下的中国社会，城市日益繁荣，一座座高楼大厦平地而起，越来越广阔的公共空间为人们提供了大量的接触陌生人的场所，公共空间的建设也有较快的发展；但另一方面，宅文化也逐渐兴盛，不少人喜欢宅在家中，尽量避免与他人尤其是陌生人相处。宅文化影响了人们的公共生活，对这一问题的研究可以从桑内特的理论中获得启发。

新的媒介技术的产生和广泛使用影响了人们与陌生人相处的模式。在数字媒介时代，人们的关系建构和行为在向新媒介转移，"面对陌生人"成了人们在日常生活中每天都要经历的事情。如何面对"陌生人"？在"陌生人的世界"，人们如何建构亲密关系？新形态的亲密关系又如何影响人们参与公共生活的方式？桑内特为这些问题提供了有价值的思考路径。在中国，微信是目前最重要的交往媒介之一，人们在上面展示私人生活，积极地为他人"点赞"，这些建立社会关系的行为如何影响了人们的公共生活，或者说，微信如何改变了人们之间的亲密关系进而影响了公共领域的形态，这些都可以从这一关联模式中得到启发。此外，媒介与社会是互构的，分析媒介与公共生活的关系应该在更广阔的社会变迁视野中。桑内特的路径提示研究者去关注更广泛的社会变迁、媒介变迁与公共生活的兴衰。媒介、城市、家庭、工作制度、公共生活之间的复杂关系，是观察中国公共生活变迁机制的切入口。

当然，情感与公共生活之关系，还有更复杂的维度。哈贝马斯、阿伦特、桑内特为我们从情感的角度审视公共生活世界，提供了富有价值的视角（本书的一些章节受到他们的影响）。对于公共生活而言，情感并不全然是一个"麻烦制造者"，它既可能扰乱认知，又是健全的理性必不可少的部分；它既可以让人们团结起来，又可能加剧社会的分化、区隔和排斥；在社会剧烈变迁的时代，情感既可以维系社会的秩序，又可以造成动荡和不安。不同类型的情感对公共生活的影响也相去甚远，同一种情感在不同情境中也有不一样的功能。[1] 这需要我们细致分析情感与公共生活的关联。本书便是一个初步尝试。第一章正式将进入情感与公共生活的探讨，首先在现有研究的基础上，尝试提出理解情感的"实践"路径，作为后续章节的分析框架。之后的章节将具体分析共情、同情、愤怒、恐惧、羡慕、嫉妒、怨恨、自恋、怀旧、焦虑、苦闷在公共生活中的角色和所产生的影响。

1　例如，恐惧是道德、法律的情感基础，促使人们遵守道德原则，服从法律，避免惩罚，但它也会引发一些从众行为，例如非典与新冠肺炎疫情期间的各种抢购行为。

理解情感

基于"实践"理论的视角

我们通过情感生活，情感赋予生活以意义。

——罗伯特·C. 所罗门

一、 情感研究的革命

"情感究竟是什么？"

情感史学家雷迪（Reddy，W.）在《感情研究指南》的序言中提出这个问题，并认为新的情感研究虽然带来了许多新发现，但关于"什么是情感"的争议和困惑并没有得到根本的解决。[1] "情感"是一个扰人的概念，在不同学科甚至不同学者那里有着不一样的所指。虽说争议不断，但学界对情感的认知还是发生了重要的变化，有了较大的进展。这主要源于"情感的转向"[2] 或者情感研究的革命。有学者指出，"在过去的二十年，情感研究发生了一场革命"。[3] 人们开始以新的眼光打量情感的价值。在雷迪看来，情感领域的革命并非只有一场，而是三场，它们几乎是同时发生却又相互独立。这三场革命分别是心理学基于实验技术对情感与认知的研究，民族志学者对情感文化维度的理解，以及历史学家和文学批评家发现情感的历史性。[4] 它们以不同的形式对人文社会科学产生影响，例如，心

---

1 Reddy，W. M.，*The Navigation of Feeling：A Framework for the History of E-motions*，Cambridge：Cambridge University Press，2001.

2 Clough，P. T. & Halley，J.（eds.），*The affective turn：Theorizing the social*，Durham，NC：Duke University Press，2007.

3 Fischer，K. W. & Tangney，J. P.，"Introduction：Self-conscious emotions and the affect revolution：Framework and overview，"in Tangney，J. P. & Fischer，K. W.（eds.），*Self-conscious Emotions：The Psychology of Shame*，*Guilt*，*Embarrassment*，*and Pride*，New York：The Guilford Press，1995，pp. 3 - 24.

4 Reddy，W. M.，*The Navigation of Feeling：A Framework for the History of E-motions*，Cambridge：Cambridge University Press，2001，p. preface x.

理学对情感与认知关系的新观点为政治哲学中关于公共商议、社会正义的讨论提供了心理学基础，对情感文化维度的理解推动了情感社会学、情感人类学的兴起，情感史作为新兴领域的出现则与情感的历史性有关。

"情感转向"已经对多个学科产生了重要影响，其根本意义在于对"人"的更多发现，对于情感新的兴趣，可能使得社会科学研究中的"机器人"形象变得有生气。[1] 人的理性与情感、情感与人类行为、情感与社会秩序等都成为"情感转向"的重要议题。受益于此，政治学、公共生活、公共舆论等领域的研究也越来越多地关注情感的意义，与传统的理性主义范式对话。[2] 公众的情感表达，关于情感的修辞、话语、语言、网民情绪等都成为公共领域研究关注的对象，近年来，研究成果迅速增加。

这些领域的研究对于情感的理解主要在以下层面：（一）情感是推动公共舆论形成和传播的力量。（二）情感是一种道德规范，以休谟（Hume，D.）、斯密（Smith，A.）为代表的启蒙情感主义是这一路径的主要思想家。[3] 新近研究主要见于政治哲学领域关于公共商议的研究，如克劳斯（Krause，S. R.）

1　Lutz，C.，& White，G. M.，"The Anthropology of Emotions," *Annual Review of Anthropology*，1986，15(1)：431.

2　袁光锋：《情为何物？反思公共领域研究的理性主义范式》，《国际新闻界》2016年第9期。

3　迈克尔·L.弗雷泽：《同情的启蒙：18世纪与当代的正义和道德情感》，胡靖译，南京：译林出版社，2016年。

关于公民激情的讨论，倡议一种包含情感的公共理性[1]，莫雷尔（Morrell，M. E.）关于共情（empathy）与审议民主的研究。[2] 在经验研究的层面，林郁沁（Eugenia，L.）对于民国时期集体同情的研究比较具有代表性。[3] 林郁沁以施剑翘刺杀军阀孙传芳事件为案例，讨论了大众文化唤起的公众同情如何影响了国民党政府的判决，以及公众同情与知识精英、司法审判之间的冲突。在林郁沁笔下，集体同情既是一种促进公众形成的力量，又是容易被政治机构操纵的、不稳定的事物。（三）情感是一种抗争的动力和策略，这主要见于情感与社会冲突性事件的研究，如古德温（Goodwin，J.）、贾斯伯（Jasper，J.）等人的研究。[4] 国内也有不少研究关注社会抗争中的情感，尤其是网络抗争。[5]（四）情感是社会、文化的产物，这一观念主要来自情感社会学、人类学的研究[6]，也影响了人们对于公共

1 莎伦·R.克劳斯：《公民的激情：道德情感与民主商议》，谭安奎译，南京：译林出版社，2015 年。

2 Morrell，M. E.，*Empathy and Democracy*，University Park：Pennsylvania State University Press，2010.

3 林郁沁：《施剑翘复仇案：民国时期公众同情的兴起与影响》，陈湘静译，南京：江苏人民出版社，2011 年。

4 Goodwin，J.，Jasper，J.，& Polletta，F.（eds.），*Passionate Politics：Emotions and Social Movements*，Chicago & London：The University of Chicago Press，2001.

5 杨国斌：《悲情与戏谑：网络事件中的情感动员》，《传播与社会学刊》2009 年总第 9 期；郭小安、王木君：《网络民粹事件中的情感动员策略及效果》，《新闻界》2016 年第 7 期。

6 成伯清：《从嫉妒到怨恨——论中国社会情绪氛围的一个侧面》，《探索与争鸣》2009 年第 10 期。

生活中情感的理解。

大量研究涉及情感政治的不同层面，丰富了人们对于情感的认知。但目前来看，一些研究还存在如下局限：（一）将情感标签化为"非理性的"，关于话语暴力、网络暴力、网络暴民等现象的研究经常秉持这样一种情感观念。以《乌合之众》为代表的群众心理学是频繁被引用的理论资源。我们并不否认情感可能会带来危险的后果，但简单地将情感与非理性画等号，会阻碍对它的深入分析。一些研究虽然看到了情感的积极意义，通过对情感价值的探讨，对话公共辩论、公共舆论研究的理性主义传统，但往往把情感视为对理性主义的一种补充，这有助于打破理性主义的主导地位，却没有看到情感与理性（认知）之间复杂的关系，或者说没有看到情感超越"理性—非理性"框架的意义。

（二）对于公共情感的分析，有的放在个体的心理层次，有的放在社会结构的层次。这两种路径都有助于理解情感，但也存在一些问题。乔根森（Wahl-Jorgensen，K.）指出，将情感定位于个体生理或心理层面，很难解释情感及其表达是如何被社会互动塑造的。[1] 这一视角缺少对于情感社会性的关注，看不到个体情感体验和情感表达背后的结构性因素和文化规范的影响。另一方面，将情感归于社会结构的层面，又难以看到情感表达的动态性、情境性和个体性，情感被认为是通过持续

---

1 Wahl-Jorgensen，K.，*Emotions*，*Media and Politics*，Cambridge：Polity Press，2019，p.6.

的、动态和互动的过程而演化的。[1] 我们不能将丰富的情感化约为社会结构的问题。如何超越"个体—社会"的二元论，也是讨论公共情感需要面对的问题。

（三）探讨公共空间中的情感表达还面临一个重要的问题，即情感体验与情感表达的不一致。探讨公共情感，多是通过表达出来的情感，它可能借助一张照片、一段文字、一封书信，或者一个视频而得以表达出来。但这常常面临着一个理论难题，即情感体验与情感表达的分离：人们表达出来的情感并不一定是亲身体验到的。情感体验往往细腻多变，难以用语言表达，正所谓"常恨言语浅，岂如人意深"。再者，情感表达受到政治和社会规则的制约以及其他因素的影响。任何个体都生活在特定的社会规则、文化规则之中，规则引导人们在特定的场合应该表达什么样的情感，以及应该克制什么样的情感表达。例如，在别人的婚礼上，应该表达喜悦和祝福；在他人遇到伤痛的时候，应该表达悲伤和安慰。这时情感的表达就不是准确与否的问题了，而是"真伪"问题。情感体验与情感表达的不一致问题，尤见于情感史、新闻传播学、情感社会学等领域的研究。

除了神经科学、心理学、生理学领域，研究情感通常都必须通过人们表达出来的情感，即以语言、表情、身体姿势等为

---

1 Boiger，M. & Mesquita，B.，"The Construction of Emotion in Interactions，Relationships，and Cultures，" *Emotion Review*，2012，4(3)：221 - 229.

中介的情感展现。那么，这何以可能？或者说，应该如何进行？如果不能解决这一问题，那么对于公共生活中情感表达的探讨也就无从谈起。目前这一领域的研究较少关注这个问题，多是直接把公众的情感表达等同于情感本身，或是认为人的情感体验是难以准确表达出来的，因此对情感表达的研究是困难的，甚至是不可能的、没有意义的。

面对上述局限，研究者需要作出理论回应。幸运的是，情感研究领域的进展已经思考和回应了这些问题，但这些理论进展在指导经验研究上存在着一些困难。本书提倡一种"实践"的理论路径，用以分析公众的公共情感及其表达。本书首先讨论目前情感研究中存在的二元论问题，以及"情感转向"对二元论的超越，之后在现有文献基础上尝试提出用"实践"的理论路径来理解情感是什么。"实践"路径有助于超越情感研究的二元论，在一个更广阔的基础上，讨论情感与公共生活、公共传播等问题。

在进入正式讨论之前，我们先对情感的概念界定做一个梳理。尽管许多研究都标明自己讨论的是情感，但对它的界定却有差异，甚至可以说尚未有共识。一些学者指出，情感这个词，同社会科学中的许多其他术语一样，虽然人们每天都在使用它，但研究人员很难在定义上达成一致。[1] 在西方词汇中，

---

1 转引自 Ng，K. H. & Kidder，J. L.，"Toward A Theory of Emotive Perform-ance：With Lessons From How Politicians Do Anger，" *Sociological Theory*，2010，28(2)：196。

"情感"一词的常见表达有 emotion、affect、passion、feeling、mood，它们尽管都在强调一种与逻辑、理性、认知不同的东西，但在具体含义上依然有差异。"affect"指宽泛的情感，如在莫雷尔的使用中，它用来指"一个宽泛的概念序列，包括 emotions、feelings、moods 和 passions"。[1] "emotion"被认为有一个明确的指向，例如，人们的愤怒情感就有明确的社会层面的指向。"mood"指情绪、心绪或者心境，一般没有明确来源。"passion"指激情，即强烈的情感。"feeling"的意思是感觉、感知，既包含精神上的，也包含身体上的。

但在学术语境中，这些词有时被不加区分地使用。特纳（Turner，J. H.）指出，诸如 affect、sentiment、feeling、mood、expressiveness 与 emotion 之类的词有时指代一个特定的情感状态，有时候也被替换使用。[2] 史华罗（Santangelo，P.）在《中国历史中的情感文化》中，也把 sentiment、feeling、affect 视为 emotion 的同义词。[3] 当然，对于何为情感，学界也不是毫无共识。希尔（Scheer，M.）指出，尽管情感是出了名的难以界定，但一般认为情感是人们经历的、体验的和

---

[1] Morrell，M. E.，*Empathy and Democracy*：*Feeling*，*Thinking and Deliberation*，Philadelphia：Pennsylvania State University Press，2010，p.9.

[2] Turner，J. H.，*Human Emotions*：*A Sociological Theory*，New York：Routledge，2007.

[3] 史华罗：《中国历史中的情感文化》，林舒俐、谢琰、孟琢译，北京：商务印书馆，2009年，第14页。

做（do）的事情。我们拥有情感并且展示（manifest）情感。[1]
对于情感的界定，有些关注内部，即体验；有些关注外在，即
表达或身体的展现。[2] 可见，情感具有内在体验和外在展示两
个层面。情感研究面临的矛盾也来自情感的双重特征。本书关
注情感的内在体验、体验生成的社会逻辑，以及情感的展示和
表达。

二、 超越"二元论"

社会科学研究中存在诸多二元论，比如身体与精神、结构
与行动、主观与客观的对立，它们构成了我们的思维框架，对
于情感的理解亦如此。在二元论的框架下，关于情感的理解存
在一些问题，首先是把它置于"理性—情感"的二元对立框架
中，情感被视为与理性对立的、损害理性的东西。其次，人们
对于情感的理解也面临着"生物决定论—社会文化建构论"的
争论，在这一框架下，情感要么被视为个体层面的生理、心理
反应，要么被视为文化和社会建构的产物。最后，情感表达与
情感体验的对立也影响了人们对于情感的理解。由于情感表达
常常不能完全反映情感体验，因此，批评者怀疑研究情感是否
可能，主观的、内在的情感是否能够被准确把握。"情感转向"

1　Scheer，M.，"Are Emotions A Kind of Practice（and Is That What Makes Them
　Have a History）? A Bourdieuian Approach to Understanding Emotion," *History
　and Theory*，2012(51)：195.

2　Ibid.

的重要成果之一是对这些二元论的超越，这也构成了本书讨论的理论基点。接下来，本书将分析情感转向对这三种二元论的超越。

（一）对"情感—理性"二元框架的超越

对"情感—理性"二元逻辑的超越首先来自脑神经科学和心理学领域的研究。这些研究重新评判情感与认知之间的关系，认为人的认知与情感不可分离。比如许多心理学家认为情感与理性的区分是无用的，因为二者不可避免地纠缠在一起。[1]巴奈特（Barnett，D.）与拉特纳（Ratner，H. H.）甚至提出一个新的词语"cogmotion"，来表明认知与情感的互动和二者间不可分离的性质。[2] 麦克德莫特（McDermott，R.）借鉴神经科学，提出一个最佳的决策制定模型，她称之为"情感的理性"（emotional rationality）。[3] 还有一些更为激进的观点。根据扎荣茨（Zajonc，R. B.）的说法，库明斯（Cummings，E. E.）或更早的冯特（Wundt，W.）就已经认为情绪与情感发

---

1 O'Rorke，P. & Ortony，A.，"Explaining Emotions，" *Cognitive Science*，1994，18 (2)：283.

2 Barnett，D. & Ratner，H. H.，"Introduction: The Organization and Integration of Cognition and Emotion in Development，" *Journal of Experiment Child Psychology*，1997(67)：303.

3 McDermott，R.，"The Feeling of Rationality: The Meaning of Neuroscientific Advances for Political Science，" *Perspectives on Politics*，2004，2(4)：691-706.

生在认知之前。[1]

　　受到心理学、脑神经科学的启发，政治学的相关研究也逐渐以新的视角探讨情感与理性之关系，力图超越"理性—情感"的二元对立。这又形成了两种路径。第一种路径关注认知对情感的影响。情感不应该被视为单纯的心理或生理反应，它产生于人与人之间的互动，具有明确的社会指向和认知指向，与具体的认知和判断有关。拉扎斯（Lazarus，R. S.）认为认知评价是情感反应必不可少的起点[2]，没有认知的因素就很难产生情绪的反应。比如，人们的愤怒、怨恨就与对公平正义的认知有关，指向的是社会等级、不平等、不公平等社会因素和认知因素；反过来，如果没有对公平、尊严等方面的认知，愤怒也就难以产生。又比如，恐惧来源于对什么是危险的认知和判断。阿诺德（Arnold，M. B.）指出了"评估"在情感产生中的作用："要唤起一种情感，该对象必须被评定为能在某些方面影响我，由于我的特殊经历和特定目标而对我个人产生影响。如果我看到一个苹果，我对它的品种和味道了如指掌，这些并不会对我有任何触动。但是，如果这个苹果是我喜欢的品种，而我又生活在既不产这种苹果又买不到它的地方，我可能

1　转引自简美玲《人类学与民族志书写里的情绪、情感与身体感》，《身体感的转向》（身体与自然丛书），余舜德编，台北：台大出版中心，2015年，第130页。

2　Lazarus, R. S., "Thoughts on The Relation Between Emotion and Cognition," *American Psychologist*，1982，37(9)：1019–1024.

会怀着一种真切的情感渴望得到它。"[1] "评估"是一种带有认知性的判断。

第二种路径关注情感对认知/理性的影响。当然，过去对情感带有贬低性的理解也关注到情感对认知/理性的影响，只不过往往把情感的影响视为负面的、有危害的，认为情感的参与会让人们失去理性判断和不偏不倚的立场。与这一理解不同，新的讨论认为情感并不必然损害理性，相反，它是健全理性必不可少的组成部分。[2] 在重新认知情感与理性之关系的基础上，政治哲学对于公共讨论、公共商议的探讨也在重新看待理性和情感的价值。一些政治哲学家主张"把情感带回来"（bring the passion back in）。[3] 无论是规范理论层次的讨论还是经验研究，新的进展多批评哈贝马斯理论中的理性主义问题，主张情感具有理性元素。[4]

对"情感—理性"二元框架的超越有助于重新理解情感与公共生活。在公共生活中，情感是公众互动、交往和协商的方式，具有认知根基，不应被简单地标签化为非理性。公众的情

1 扬·普兰佩尔：《人类的情感：认知与历史》，马百亮、夏凡译，上海：上海人民出版社，2021年，第316页。
2 莎伦·R.克劳斯：《公民的激情：道德情感与民主商议》，谭安奎译，南京：译林出版社，2015年。
3 Kingston, R. & Ferry, L., *Bring The Passions Back In*. University of British Columbia Press, 2008.
4 林郁沁：《施剑翘复仇案：民国时期公众同情的兴起与影响》，陈湘静译，南京：江苏人民出版社，2011年；杨国斌：《悲情与戏谑：网络事件中的情感动员》，《传播与社会学刊》2009年第9期。

感表达不仅仅是认知的反映，也会塑造人们的观念和身份认同，引导公众对世界、事件进行道德评判。人们在公共空间中的情感表达，也常常会调动各种修辞资源以对他者施加影响，这一过程不是非理性的。超越"情感—理性"二元框架，会让我们更完整地看待公共生活中的情感意义。

（二）反思"生物决定论—社会文化建构论"二元论

"生物决定论"将情感还原到个体的生理、心理和身体层面，而情感研究的文化建构论受到社会建构论的影响，它的基本立场是"以比较、文化观点来探讨情感、情绪在社会脉络内如何被形塑，藉此掌握情感经验公开、社会、认知的层面"[1]。文化建构论对于情感研究的影响较大，人类学、政治学、社会学等不少学科对于情感的理解都受到文化建构论的影响。但是，它被批评忽略了情感中的身体："尽管对情感的文化建构观点把情感与一系列的社会文化现象建立了有效连接，推动了一系列对情感的文化意义的研究，但是这种观点也被批评为过度强调语言和话语的作用，忽视了情感的身体维度。"[2] 结果，情感常常被认为是由语言决定的，甚至情感就是语言。[3]

---

1 简美玲：《人类学与民族志书写里的情绪、情感与身体感》，《身体感的转向》（身体与自然丛书），余舜德编，台北：台大出版中心，2015 年，第 133 页。

2 转引自张慧《情感人类学研究的困境与前景》，《广西民族大学（哲学社会科学版）》2013 年第 6 期，第 60—65 页。

3 Scheer，M.，"Are Emotions a Kind of Practice (and Is That What Makes Them Have a History)? A Bourdieuian Approach to Understanding Emotion," *History and Theory*，2012(51)：193 – 220.

但希尔指出，在"扩展心智理论"（Extended Mind Theory，简称 EMT）下，我们应该把经验本身视为我们所做的事情——用整个身体，而不仅仅是大脑。在实践理论中，没有身体，个体的主体是不可想象的，主体产生于身体，并由身体来维持，与身体融合在一起。身体是由"惯习"塑造，也为"惯习"提供了一些可以塑造的东西，决定了实践的可能范围。[1]由此来看，在对情感的研究中，我们不能把情感视为独立于身体的东西，文化建构论对身体的忽视会导致我们不能完整地理解情感。

长期以来，社会文化建构论和生物决定论这两种路径影响着学界对于情感的探讨。但在这一框架中，情感要么被理解为是由文化和社会建构的，要么被理解为个体心理的、身体的。前一种路径倾向于关注人们的情感如何在特定的社会、文化和政治经济脉络下形成，在历史的变迁中发生了什么样的变化。后一种路径的影响则在于用脑科学、生理学等领域的方法测量人们的情感反应，把情感视为人普遍的身体、生理反应。如果说生物决定论忽视了情感的文化性，那么社会文化建构论则忽视了情感中的身体和个体。从 20 世纪 90 年代初起，研究者开始倡导对这种二元逻辑的超越，尽力去弥合社会文化建构论与生物决定论之间的缝隙，努力从这两个视角完整地呈现情感的

---

[1] Scheer，M.，"Are Emotions a Kind of Practice (and Is That What Makes Them Have a History)？A Bourdieuian Approach To Understanding Emotion，" *History and Theory*，2012(51)：200－201.

属性。[1]

超越"生物决定论—社会文化建构论"二元论，对分析公共生活中（尤其是社交媒介时代）的情感非常重要。以公共舆论研究为例。传统媒体时代公共舆论的形成与个体身体的关联不大，但数字媒介为每一个个体的身体在场提供了各种形态的空间——表情包、图像、视频、直播等方式，使得情感能够通过身体符号表达出来。未来各种智能的数字媒介更使得人的身体与媒介难以分离，对情感表达带来的影响也不可估量。传统媒体时代的公共舆论更多受职业化的新闻媒体影响，社交媒体中的公共舆论则具有个体性、情境性和动态性。在社交媒体空间中，公共舆论是个体通过自身对事件或世界的感受、想象、叙述而形成的。这些环节都离不开个体的情感参与。个体通过情感的表达互相激发、彼此呼应，形成舆论社群。无论是把情感仅仅定位于个体的身体层次，还是社会结构、社会文化的层次，都难以让人信服地解释社交媒体时代的公共舆论问题。对"生物决定论—社会文化建构论"的超越为我们探讨这一问题提供了理论基础。

（三）对"情感体验—情感表达"二分法的超越

人们在讨论情感体验与表达不一致的问题时，蕴含了一个

1　转引自张慧《情感人类学研究的困境与前景》，《广西民族大学（哲学社会科学版）》2013年第6期。

假设，即存在一个真实的、客观存在的情感，可以被人们借助一些方法去获得和掌握。这种对于情感真实性的执拗，反映了认知心理学对情感研究的影响。认知心理学将情感看作客观存在，认为可以通过生理的、心理的测量来认识。这一研究的路径虽具有价值，却没有关注情感表达的社会性、文化性。

所谓情感表达的社会性，并不仅仅指各类情感的产生与社会结构有紧密的关联，更在于情感表达本身就是一种社会行为，受特定的社会结构和社会规则制约。无论一个人拥有什么样的情感，其表达是否真实，"情感表达"本身就是一种值得研究的社会行为。"人们或者把自己的真实情感表达出来，或者小心掩盖自己内心的真情实感，每种表达方式都被赋予特定的意义。"情感表达背后蕴含了人与人、人与社会的关系。[1] 因此，情感表达本身就可以成为独立的研究领域。此外，情感表达和情感体验之间也并不是截然二分的。在雷迪看来，两者是相互影响和互为因果的，因为情感是通过大量学习获得的习惯。[2] 而没有公开的情感表达，人们无法从中习得情感的体验。

不过，尽管超越这些二元论已经成为情感研究领域的共识，但经验研究仍然面临着很多挑战。比如，在研究中，如何处理情感与认知的关系？如何既从社会、文化的角度分析情感表达，又能够兼顾情感表达中的个体性和情境性？如何处理情感表达与体验之间的关系？面对这些问题，研究者需要一个超

---

1 孙一萍：《情感表达：情感史的主要研究面向》，《史学月刊》2018年第4期。
2 同上。

越二元论的分析框架来推进这一工作。本书将提出研究情感表达的"实践"路径，它能够超越情感—理性、生物决定论—社会文化建构论、情感体验—情感表达之间的二分法，提供在经验层面讨论情感与公共舆论的可行路径。在这之前，我们先讨论情感表达与社会、文化、权力之间的关系，便于理解情感表达在何种意义上是一种"实践"。

三、"情感表达"作为社会行为

情感常被视为"复杂的、矛盾的、暧昧的、无序的经验"[1]，准确地表达情感体验是困难的事。但对于公共生活的研究而言，情感的意义恰恰在于它的可言说性。情感虽然来自个体的身体，但当其在公共空间中被表达时，就具有了丰富的社会和文化意义。人们向他人表达情感，目的是动员、建立社会关系等，如何表达情感、使用何种语汇、遵守何种规则、达到何种效果，都与社会文化有关，也塑造了公共生活的形态。关于情感表达的研究散落在情感史、情感人类学、公共生活、公共舆论等领域中，尚缺乏理论化的建构。这一部分将从交流性、文化性、社会性等角度论述情感表达的特征。

（一）情感表达的交流性与文化性

一般来说，人们对于自身情感的表达都有明确指向，不论

1　史华罗：《中国历史中的情感文化》，林舒俐、谢琰、孟琢译，北京：商务印书馆，2009年，第12页。

是真实的，还是想象中的。这就是情感表达的交流性。情感表达面对的可能是具体的个体，也可能是想象中的公众。通过表达情感，人们向他人发出呼吁，建构与他人的关系。情感表达使用各种类型的媒介，包括身体姿态和语言，其中，就情感表达的社会意义而言，语言更为重要，正如史华罗所指出的，"作为一套交流系统，情感语言在建立和处理人际关系中起着极其重要的作用。"[1] 一个社会会形成一套表达情感的语言体系，这一体系决定了什么情感应该使用什么语言、在何种情境下使用何种语言来表达情感是合适的。

对于情感而言，语言还有其他意义。"语言的重要性，就其表情达意的意义来说是双重的：它不仅构成情感事实的证据，同时也在情感领域扮演创造者和教育者的角色。"[2] 在一个社会中，用来表达情感的语言，也创造着人们的情感。这一点可以用来解释新媒介舆论中的情感文化。网络中的情感表达有自己的语言，比如网络流行语、表情包、网络符号等，它们本身也塑造了网民的情感以及对自身情感的理解。这些新的语言方式会塑造新的情感文化。充满暴力的语言会导致以仇恨、怨恨为主要特征的情感文化，因为"语言自身作为一种交流方式和社会惯例，也塑造了情感"。[3]

---

1 史华罗：《中国历史中的情感文化》，林舒俐、谢琰、孟琢译，北京：商务印书馆，2009年，第 30 页。
2 同上书，第 31 页。
3 同上书，第 24 页。

情感表达也具有文化性。人们的情感表达处于各种社会规则和意义系统之中，表达情感的语言依附于特定的意义网络，离开这些意义网络，情感表达就是难以理解的。例如，在公共舆论中，人们的愤怒表达常常与对公平、正义的理解有关，通过愤怒表达，人们去维护他们认为的公平和正义，这样，对于公平和正义的理解就构成了愤怒表达的意义网络。在不同社会和文化中，愤怒表达的语言和意义系统都是不同的。同情的表达也是如此。表达同情的语言反映了人们对于爱、团结、尊严、痛苦等的理解，通过表达同情，人们既与他人建立了关系，也推动了对于造成痛苦的原因的问责。因此，情感表达的语言"既是社会的实践，也是关系的连结"。[1] 人们通过情感的语言而结成社会关系。围绕着情感的语言，各方权力也在博弈。

情感表达多是为了对他人施加影响，表达愤怒有时是为了维护自己的尊严，有时是为了造成他人的恐惧，以建构不平等的传播关系。为了实现更好的效果，情感表达就会使用策略，调动各种语言、道德、符号等资源，这就使得情感表达具有表演性。吴贵亨（Ng，K. H.）与基德尔（Kidder，J. L.）指出，情感表演不同于霍克希尔德（Hochschild，A. R.）的"情感管理"，"文化和社会规则不仅仅是在控制情感方面，他们在表演情感上同样重要。说情感是一种行为，就是说情感是一

---

1 转引自简美玲《人类学与民族志书写里的情绪、情感与身体感》，《身体感的转向》（身体与自然丛书），余舜德编，台北：台大出版中心，2015年，第134页。

种积极的社会行为，它来自阐释框架和主导叙述的文化体系。"[1] 在吴贵亨与基德尔看来，"情感表演"是文化的，也是交流的。说它是文化的，是指情感表演的主体不仅通过身体，还通过叙述来展现情感。情感的交流性则是指"情感表演是针对世界上的其他人。……通过使用叙述，以及富有表现力的策略，比如一个很好的短语、一种声音、一种眼神，或者一种姿势，演员以某种方式给别人留下深刻印象"。情感表演能够定义和确认社会身份，生产权力关系。"情感表演"的路径对于理解情感的意义在于：它关注情感表演发生的互动机制，关注点从"什么是情感"转向情感做了什么以改变和生产社会关系[2]，将情感纳入人类行动和关系中去考察。情感表演有助于更好地理解在公共空间中人们（尤其是一些行动者）表达情感所使用的策略。

（二）情感表达与社会规则

作为一种社会行为，情感表达也受到社会规则的制约。情感表达要遵守特定的情感规则（feeling rules），情感规则的存在使得情感表达与情感体验之间产生了不一致，人们会选择符合情感规则的表达方式。具体到公共领域，情感规则可以被视为权力规则与道德规范的混合物，制约着个体的情感表达。在情感规则的作用之下，虽然我们可能会限于经验材料无法探讨

---

1 Ng，K. H. & Kidder，J. L.，"Toward a Theory of Emotive Performance：With Lessons from How Politicians Do Anger，"*Sociological Theory*，2010，28(2).
2 Ibid.

"真实"的情感，但情感规则及规则之下的情感表达本身就构成了重要的研究对象。一个社会建立了什么样的情感规则？为何要建立这样的情感规则？人们如何理解情感规则？在特定的情感规则之下，人们又是如何进行政治表达的？情感表达的规则是如何变迁的？这些涉及情感表达的议题都是富有价值且需要探讨的。

情感规则的建立基于特定的时间和空间，时空不同，情感规则也不相同。在时间维度上，情感规则是变迁的，不同的历史文化有不一样的情感规则。新国家的建立、政体的变迁都会改变情感规则。在空间的维度上，列斐伏尔（Lefebvre，H.）认为，空间蕴含着权力关系，被权力生产的同时也生产权力。基于这一理解，不同空间中的情感规则也会有显著差异。公共领域中的情感规则，与私人领域有诸多不同。即使同为公共空间，形态不同，规则亦不相同。沙龙、咖啡馆、修道院、广场，都有不同的情感规则。影响情感规则的一个重要因素就是媒介。新媒介改变了公共舆论形成的机制和权力关系，形成了新的情感规则，导致传统媒介时代的情感规则失去了一定的有效性，促使人们的情感表达方式发生了深刻的变化。[1]

情感规则影响人们对情感表达的管理。霍克希尔德研究了服务业从业者的情感管理问题。人们依据情感规则进行情感表

---

[1] 对于新媒介与情感规则的研究议题来说，特朗普在推特上的表达是一个典型的案例。特朗普当选美国总统之后，在推特上"发声"很多，其中包含非常直白的情绪表达，尤其是不加克制的愤怒情绪，这与之前美国总统的公共形象有很明显的差别。

达，情感的表达成为商品。[1] 不过，情感管理的逻辑不仅仅限于服务业，而是广泛存在于社会各个领域。维卡（Wikan，U.）发现，巴厘岛的人们不断地努力使他们的情感表达与共同体的严格规范相匹配[2]，这种努力其实就是一种情感管理。理查德（Richards，B.）指出，一个社会的情感管理有三个层次：日常生活的文化过程；制度的结构，从国家宪法到组织中的管理结构；在公共领域的交往中，我们的信息传播内容和风格。[3] 公共领域中的情感管理是情感管理研究的重要内容。

情感管理使得个体依据情感规则控制自己的情感，从而与社会规范或政治权力引导的方向一致。情感管理存在于诸多场所，比如工作场所、社交场所、公共领域等。在政治情感的表达中，人们也会开展情感管理。当政治规范较为强大的时候，个体一般会让自己的情感表达符合政治规范；而当政治规范的力量衰弱时，个体的情感管理也会随之松弛，甚至挑战政治规范。"如果多数人发觉'情感规则'过于专横，他们便会为自己争取'情感自由'（emotional liberty），一边抵制旧的规则，

1 Hochshichd, A. R., *The Managed Heart*：*The Commercialization of Human Feeling*，Berkeley & Los Angeles，California：University of California Press，1983. 霍克希尔德考察了达美航空公司，讨论了乘务员的感受如何成为商品的一部分，其提出的情感规则（feeling rules）、表层扮演、深层扮演等概念在情感社会学领域引发大量的关注。
2 转引自 Reddy, W. M., *The Navigation of Feeling*：*A Framework for The History of Emotions*，Cambridge：Cambridge University Press，2001，p.115。
3 Richards, B., *Emotional Governance*：*Politics*，*Media and Terror*，New York：Palgrave Macmillan，2007，p.7.

一边建立新的情感规范和情感管理结构、制定新的情感策略。"[1] 雷迪指出，尽管个体不一定直接表达政治上的不满，但可能会努力寻找更好的方法，或者在现行规范中进行个人的即兴发挥。[2] 此外，人们还有可能配合政治规范表演情感以获得地位和权力，如雷迪所指出的，"与集体规范一致的有效的自我管理能够带来地位和权力"。[3] 个体情感管理与情感规则之间的互动有助于理解新媒介中的情感表达。新媒介带来新的情感管理方式，公众可能通过戏谑、讽刺、愤怒等情感的表达来挑战原有规则，同时，国家也试图通过建构新的情感规则，管理公众的情感表达。

（三）情感表达作为言语行为

公众的情感表达是将情感体验（可能是真实的，也可能是表演的）依据语言逻辑、社会规则转变成可以被他人看到的情感。人们表达情感的目的，并不仅仅是描述自己的感受，还要影响他人，因此，表达情感的过程必然会调动语言、修辞、文化资源，以打动他人。情感表达可以被视为一种"言语行为"[4]。雷迪明

---

1 查理斯·齐卡：《当代西方关于情感史的研究：概念与理论》，《社会科学战线》2017年第 10 期。此处的"情感规则"就是 emotional regimes，亦翻译为"情感政体"。
2 Reddy, W. M., *The Navigation of Feeling：A Framework for The History of E-motions*，Cambridge：Cambridge University Press，2001，p. 137.
3 Ibid., p. 115.
4 奥斯汀在《如何以言行事》中提出了"言语行为理论"，将语言划分为记述话语和施行话语两种，前者用来描述世界，后者用来完成某种行为，比如许诺、命名等。

确地在情感表达与言语行为之间建立了理论联系。

雷迪借鉴奥斯汀（Austin，J. L.）的言语行为理论，将"情感表达"（emotives）视为一种言语行为。雷迪认为，情感表达是一种言语行为，但不同于施行话语和记述话语，它既像记述话语一样描述世界，也像施行话语一样改变世界。第一人称的情感宣称（比如"我很愤怒"）：（1）具有描述性；（2）具有建立关系的意愿，社会生活中关于情感的叙述经常作为特定情节、关系或者行动指向而发生，一个人表达自己是如何感受的，经常是为了协商、拒绝、发起和结束一个计划，建立或改变一个关系；（3）有自我探究（self-exploring）或自我改变（self-altering）的效果。[1] 情感表达和情感体验也相互作用，情感的表达不仅是对自身情感的描述，反过来它也在改变着情感，这可以用来解释在网络空间中经常看到的"群情激愤"现象。在情感表达中，语言的、关系的和地位的符码（code）都在表达的过程中发挥作用。[2]

情感表达的交流性与文化性，情感规则和情感管理，作为言语行为的情感表达，这些研究的脉络将情感的表达与社会、文化、制度结合起来，能够扩展讨论情感与公共舆论的视野，超越以往情感研究的二元论。当然，一些研究也存在局限。比如，情感规则和情感管理的研究被认为假设了关于情感表达的

---

1 Reddy，W. M.，*The Navigation of Feeling：A Framework for The History of E-motions*，Cambridge：Cambridge University Press，2001，p. 128.

2 Ibid.，p. 86.

某种理性选择,这种观点将认知控制放在优先位置,但忽略了情感本身有一些元素超越了深思熟虑。[1] 将情感表达视为言语行为,忽视了对于社会结构的分析,情感表达能够做什么,显然不能脱离社会结构、权力结构来讨论。我们需要一个更包容的分析框架。本书认为"实践"的路径既能够观照宏观的社会文化和社会结构层面,又重视个体行动者的能动性。

四、 迈向"实践"的路径

情感并不仅仅是人的意识、身体的反映,更是一种实践活动。已经有不少学者将情感与行为、实践联系在一起。所罗门(Solomon,R. C.)建议将情感(emotions)视为行为(acts):"他们不是意识中的存在",而是"意识的行为"。[2] 情感史学家希尔(Scheer,M.)更是明确提出了"情感实践"的概念。希尔指出,实践产生情感,情感自身可以被视为对世界的实践性的参与。[3] 情感实践包含自身(作为身体和精神)、语言、物质的人工制品、环境和其他人。[4] 它被分为四个方面,即动员(mobilizing)、命名(naming)、交流(communica-

---

1 Homles,M.,"The Importance of Being Angry:Anger in Political Life," *European Journal of Social Theory*,2004,7(2):126.

2 Solomon,R. C.,*Ture to Our Feelings:What Our Emotions Are Really Telling Us*,New York:Oxford University Press,2007,p.157.

3 Scheer,M.,"Are Emotions a Kind of Practice(and Is That What Makes Them Have a History)? A Bourdieuian Approach to Understanding Emotion," *History and Theory*,2012(51):193 - 220.

4 Ibid.,2012(51):193 - 220.

ting）和管理（regulating）。"动员"是指实现一定情感状态（emotional state）的过程；"naming"亦有学者翻译为"记录"，从希尔的文章来看，应该包含"记录"和"命名"的两个含义，即通过记录和命名，让情感能够被理解；情感是人们社会交换的一种方式，情感交流的成功与否取决于表演者的技巧以及接受者的理解力；情感表达遵循情感规范。[1]

希尔的"情感实践"（emotional practice）概念更多是针对情感史的研究，主要指调动和激发情感的过程，较少论及情感表达的问题。本书关注的是情感表达层面，要解决情感表达的实践问题，即一种公开展现的情感活动。对情感表达的理解，可以回到布尔迪厄的实践理论。希尔认为，"布尔迪厄的理论对研究情感特别有用，因为它最详尽地阐述了身体与社会结构的相互作用，这两者都参与了情绪体验的产生。"[2] 不仅如此，布尔迪厄的实践理论也有助于理解情感表达的问题。布尔迪厄的实践理论包含场域、资本、惯习三个核心概念。情感表达也由三个领域构成，即情感表达的"场域"、情感表达的"资本"和情感表达的"惯习"。

前文所言的情感规则、情感管理、情感表达的行为，都受制于"场域"。一个社会包含不同的情感实践的"场域"，比如

---

1 Scheer，M.，"Are Emotions a Kind of Practice（and Is That What Makes Them Have a History）? A Bourdieuian Approach to Understanding Emotion，"*History and Theory*，2012(51)：209-217.

2 Ibid.，2012(51)：199.

私人领域、公共领域、国家仪式等，不同场域下的情感实践遵循不同的逻辑。由于不同场域之间的权力关系是不对等的，情感表达的主体也处于不平等的位置。例如，国家权力可以影响私人领域的情感表达；商业资本也形塑着个体在私人和公共领域的表达。私人领域的情感表达又可以是对政治规则的显性或隐性的挑战。在这一视角下，"情感表达的实践"可以被视为不同场域之间的纽带，它连接不同的场域，并改变着不同场域及其互动方式。

情感表达也需要各类资本。有学者指出，我们应该关注在公共领域中哪些情感获得了关注、为什么获得关注以及产生了什么后果[1]，这与情感表达的资本有关。资本的多寡往往决定了情感的表达方式和效果。以文化资本为例，其所掌握的文化资本形式，影响了其情感表达的方式。一般来说，知识精英有更多的文化资本来表达自己的情感，更容易增加自身情感在公共空间中的可见性；相反，一些底层群体由于文化资本的缺乏而难以表达自身的痛苦，在公共空间中，他们的痛苦难以被看见。比如，在多起留守儿童事件引发的公共舆论中，我们都很难看到底层群体的痛苦表达，他们更多是被代言，主要原因就在于底层群体缺乏将痛苦等情绪转化为语言、符号和图像的能力。情感表达资本的缺乏也使得社会弱势群体的情感体验难以进入公共空间，阻碍了其他群体对他们的理解和共情。这一点

---

1 Wahl-Jorgensen, K., *Emotions*, *Media and Politics*, Cambridge: Polity Press, 2019, p.8.

在阶层分化程度较高的社会更为显著。

情感表达也有自身的"惯习"（这一点希尔在其文章中也多次论述）。所罗门指出，情感往往是后天习得的习惯，是实践和重复的产物。[1] 惯习指引着不同群体情感表达的方式，希尔指出，实践由"实践感"所引导，实践感就储存在惯习之中，个体按照其社会（阶级、出身背景、亚文化）所需要的模式行事。[2] 情感实践的惯习首先表现在身体的层面，情感表达的规则和社会结构在人的身体上留下烙印，表达友好时的嘴角微笑、表达尊敬时的身体站立、表达愤怒时的眼神，都是身体的惯习。身体的在场方式也会影响情感的表达效果。情感表达的惯习还指情感表达的词汇、语言乃至规则，这些构成了情感表达的实践知识。

"情感表达实践"对于情感表达作出如下理解：（一）情感的表达是在"惯习"的逻辑下进行的，它不能被视为非理性的或理性的，理性—非理性的框架难以解释情感实践的特征。布尔迪厄的"惯习"概念被认为是反对理性选择理论中的"理性"，但也不是"非理性"，它遵从实践的逻辑。[3] 情感的表达

1　Solomon，R. C.，*Ture to Our Feelings：What Our Emotions Are Really Telling Us*，New York：Oxford University Press，2007，p. 21.

2　Scheer，M.，"Are Emotions a Kind of Practice (and Is That What Makes Them Have a History)? A Bourdieuian Approach to Understanding Emotion," *History and Theory*，2012(51)：202.

3　Scheer，M.，Are Emotions a Kind of Practice (and Is That What Makes Them Have a History)? A Bourdieuian Approach to Understanding Emotion，*History and Theory*，2012(51)：205.

也是既不同于理性的逻辑和谋略，又非纯粹的身体的情绪反映。它使用的是文化的语言，带有策略性，但又与理性逻辑的表达不同。因此，"实践"的理论路径既不赞同将情感表达理性化、认知化，也不赞同将情感只定位在身体的层面。（二）情感表达不仅是社会和文化的建构，也是个体在社会情境过程中的动态创造。[1] 也就是说："我们应该把情感既不首先看作是意义的或感觉的，而是看作是在社会互动中通过身体习得和表达的体验，这种互动是通过符号系统——语言或非语言的——来调节的。"[2] 情感表达超越了个体—社会的二元论。（三）情感应该被视为具体可见的，而不仅仅是个体私密的内在感受，应该被"看作是被表达的，而不是不可言说的"[3]。对于社会而言，被表达的情感具有更重要的意义，人们通过情感表达进行互动并形成社会秩序。一个人的愤怒伴随着另一个人的恐惧，一个人的伤痛激发另一个人的怜悯和悲伤[4]，正是情感的表达促成了社会和道德的形成。（四）情感表达与情感体验之间并不是割裂的、二元的，"表达组织了我们的体验"[5]，情感表达不仅仅是

---

1 张慧：《情感人类学研究的困境与前景》，《广西民族大学（哲学社会科学版）》2013年第6期。

2 同上。

3 同上。

4 简美玲，《人类学与民族志书写里的情绪、情感与身体感》，《身体感的转向》（身体与自然丛书），余舜德编，台北：台大出版中心，2015年，第134页。

5 Scheer, M., "Are Emotions a Kind of Practice (and Is That What Makes Them Have a History)? A Bourdieuian Approach to Understanding Emotion," *History and Theory*, 2012(51)：212.

对情感体验的表达，它也具有唤醒情感体验的功能，所罗门认为，愤怒和恐惧都可以通过表达而得到进一步的加强和激发。[1]以新媒介为例，新媒介空间中的情感表达具有互相激发、不断唤醒情感体验的功能。

"实践"的理论路径可以丰富对公共舆论和情感政治的讨论和理解。一些重要的政治议题都可以从中获取全新的视角。"情感表达的实践"关注人们通过情感表达形成的社会关系。公众的情感表达，既受到社会权力的影响，也生产权力关系并建构不同群体之间的社会关系。媒介与人们的情感表达密切相关，媒介是人们感知世界的渠道，不同形态的媒介塑造了人们的情感体验，并影响了人们情感表达的符号体系。不同媒介形成的公共空间也拥有不同的情感规则，愤怒之所以能够在新媒介空间中发挥重要的作用，与新媒介导致的传统情感规则的消解有关。媒介也塑造了人们通过情感形成的关系。除此之外，还有许多重要问题值得进一步探讨，比如，国家如何塑造公众的"情感表达"？政治情感的表达规则如何被建构和改变？当情感体验与情感表达规范产生冲突的时候，公众如何处理这种冲突？公众如何基于情感的表达而互动？公众通过情感表达做了什么、改变和生产了怎样的权力关系？对这些问题进行回答，能够丰富对政治的理解。如理查德（Richards，B.）所言，检视政治形式中的情感意义，可能带来的问题超过它能给出的

---

[1] Solomon，R. C.，*Ture to Our Feelings*：*What Our Emotions Are Really Telling Us*，New York：Oxford University Press，2007，p. 132.

答案，但它会增加对政治的整体理解。[1]

　　"实践"的理论路径也有助于理解社交媒介时代中国的公共舆论。随着社交媒介的兴起，中国的公共舆论呈现出浓厚的情感色彩，愤怒、悲情、戏谑、恐惧、同情等都是影响公共舆论表达的重要情感，这已经得到不少关注。这些情感表达塑造了不同群体之间的社会关系和权力关系，比如网民的愤怒表达会塑造网民与政府之间的权力关系，同情的表达会建构不同群体之间的关系，戏谑的表达形塑了草根文化和精英文化之间的关系。"实践"的理论路径关注人们情感表达的历史性、文化性和社会性，关注个体的情感表达如何形成社会关系和社会秩序，在一定程度上超越了情感的理性—非理性、生物决定论—社会文化建构论、情感体验—情感表达等二元框架，提供了一个解释中国公共舆论如何形成的视角。

---

1 Richards, B., *Emotional governance*: *Politics*, *media and terror*, New York: Palgrave Macmillan, 2007, p.3.

第二章

当局者迷，旁观者清？

共情与公共讨论

当我们的内心被激发了，我们的头脑就改变了。

——克劳斯

一、 审议民主为何排斥"情感"？

在西方政治思想史中，对于情感的担忧有着漫长的传统，思想家们认为不受理性制约的情感会形成一种破坏性力量，不仅难以为正义和道德提供坚实的根基，还会破坏生活秩序和道德基础。近些年来，尽管越来越多关于公共讨论和审议民主的研究都关注到情感的价值，重新看待情感在公共生活中的意义，但总体来看，"理性主义"的主导地位依然没有改变。

理性主义范式有悠久的传统，在启蒙运动时期达到一个高峰。什么是启蒙？康德说启蒙就是"要有勇气运用你自己的理智"，这句话成为启蒙时期理性主义的宣言。在理性主义的范式下，"情感"往往被视为应该被审议民主、公共讨论排斥的因素，正所谓"当局者迷，旁观者清"，情感的参与会让人们失去准确的判断，没有情感的旁观者才能形成客观、清醒的认知。在自由主义的理论中，情感也通常被认为是理性、合理性甚至民主的敌人，被谴责为"坏的东西"。[1] 莫雷尔（Morrell，M. E.）认为，大多数审议民主的理论家都对共情机制（empathy）关注不足。[2] 之所以忽视情感或共情，是因为理论家把

1　Wahl-Jorgensen, K., "The Strategic Ritual of Emotionality: A Case Study of Pulitzer Prize-Winning Articles," *Journalism*, 2013, 14(1): 129–145.

2　Morrell, M. E., *Empathy and Democracy: Feeling, Thinking, and Deliberation*, The Pennsylvania State University Press, 2010, p. 67.

反思、理性、推理放在人们判断中的优先地位[1]，认为只有理性、推理才是良好公共讨论的根基，人类社会的进步被认为是理性战胜情感的结果，海因斯指出，"在现代欧洲的思想中，社会进步经常被描绘为启蒙理性代替非理性情感的结果。"[2] 这种关于情感与理性的理解影响了人们对于民主政治、公共生活的想象。

罗尔斯（Rawls，J.）、哈贝马斯的审议民主理论被认为是理性主义的代表。两者的思想虽有差异，但都把人的理性能力放在首要位置。他们都没有否认情感的重要性，认为忠诚、正义感等情感对于公民商议和正义的稳定具有重要作用，但两人都对情感做了诸多限制，"试图把情感的作用限制在应用领域，而规范辩护本身则被设想为某种超越情感影响的理性的功能。"[3] 以罗尔斯和哈贝马斯为代表的不少西方政治思想家之所以推崇理性而排斥情感，原因与前文提到的学界对于情感的误解有关：（一）情感会影响我们的判断，损害认知。正所谓"关心则乱"，人们担心，一旦投入情感，就难以做出准确判断。（二）情感被认为是主观的、个体的，理性则是普遍的、人类共有的能力。人们担忧主观的和个体的情感无助于建立普

1　Morrell，M. E.，*Empathy and Democracy*：*Feeling*，*Thinking*，*and Deliberation*，The Pennsylvania State University Press，2010，p.34.

2　Heins，V.，Reasons of the Heart："Weber and Arendt on Emotion in Politics，" *The European Legacy*，2007，12(6)：715 - 716.

3　莎伦·R.克劳斯：《公民的激情：道德情感与民主商议》，谭安奎译，南京：译林出版社，2015 年，第 3 页。

遍的道德原则和政治原则，比如阿伦特在《论革命》中曾指出，"相对于理性，激情只能投向具体事物，对于普遍事物则毫无概念，也缺乏普遍化之能力。"[1] 因此，在反思性的道德建构中，情感常常被轻视，理性则能获得更多的青睐。（三）情感被认为是个体的、主观的，不同的群体乃至个体会有迥异的情感风格，这会阻碍公共讨论中共识的达成，只有普遍的理性才被认为能够通往"共识"。哈贝马斯的审议模式强调公共讨论的普遍性，而忽略了性别、阶级、种族等社会差异。[2]

但审议民主对于理性的推崇也遭到一些学者的批评。这些批评认为，"审议"是一个过于理性化的概念，依赖于冷静和反思性的交流，遮掩或低估了情感在政治互动中的作用，以及公民合理处理这种互动的各种动机。[3] 尽管审议的理想是"一个被认为道德和政治平等的个体进行自由和理性审议的程序"[4]，但一些理论家认为这样的概念会使得现有的不平等永久化。[5] 麦圭根反思了哈贝马斯的理性主义取向，他更新了文学公共领域的观念，将其扩展为"文化公共领域"（cultural public

---

1 汉娜·阿伦特：《论革命》，陈周旺译，南京：译林出版社，2011年，第72页。

2 林宇玲：《网路与公共领域：从审议模式转向多元公众模式》，《新闻学研究》2014年总第118期，第65页。

3 Bickford, S., "Emotion Talk and Political Judgment," *The Journal of politics*, 2011, 73(4): 1025.

4 Benhabib, S., "Toward a Deliberative Model of Democratic Legitimacy," in *Democracy and Difference*, ed. Seyla Benhabib. Princeton, NJ: Princeton University Press, 1996, pp. 67 – 94.

5 Bickford, S., "Emotion Talk and Political Judgment," *The Journal of politics*, 2011, 73(4): 1025.

sphere）的概念，[1] 它指的是政治、公众与个体的情感性传播方式的结合。麦圭根明确指出，公共领域的研究倾向于关注新闻的认知层面，忽略或者轻视情感性的传播。哈贝马斯的最初构想区分了文学公共领域与政治公共领域，政治公共领域偏重于日常新闻，文学公共领域由于较少受到新闻报道当下事件的约束，反而有可能提供一个可以深度反思的论域。[2] 学界开始重新看待情感在审议民主中的意义。这也与前文提到的情感转向相关。

"情感转向"为人们反思情感与公共讨论、审议民主提供了契机，影响了政治学的研究。"我们能够在经验的政治科学领域最清晰地看到情感的转向，政治心理学家尝试说明政治行为和态度中的情感角色。在政治理论中，这种转向显著地表现为研究者对政治中的情感角色不断增加的兴趣。"[3] 不少政治理论家都通过对政治审议中修辞运用的合法性的辩护，进而为情感留有了位置，这种修辞的运用包括情感的呼吁[4]，典型的如克劳斯（Krause，S. R.）的观点，她建议将共情的规范理论纳入司法审判中，认为共情是民主认可的、在法律上适当的情

1　McGuigan，J.，"The Cultural Public Sphere，"*European Journal of Cultural Studies*，2005，8（4）：427－443．

2　Ibid.，8（4）：427．

3　Morrell，M. E.，*Empathy and Democracy：Feeling，Thinking，and Deliberation*，Philadelphia：The Pennsylvania State University Press，2010，p.9．

4　Ibid.，p.11．

感交流。[1] 许多学者都令人信服地讨论了共情在陪审团审议中的价值。[2]

这一章聚焦于共情这一情感的交流机制在审议民主中的作用。本书将在政治哲学、心理学、情感社会学等相关研究的基础上，探讨情感交流在审议民主中的意义。论证将集中在以下三个方面：（1）情感的交流与个体的认知、判断和决策之间的关系；（2）共情与不偏不倚、普遍化的立场之间的关系；（3）共情与多元民主之间的关系。

本书试图通过这三个方面的论证，重新思考共情与审议民主之间的关系。基于情感研究的"实践"视角，本书把共情视为一种政治实践，而不仅仅是个体的心理机制。允许个体兴趣、认同、情感的表达，增进不同群体之间的情感交流，能够为审议民主提供更深刻的基础，增加相互之间的理解。此外，文章还将共情置于政治和社会结构中，探讨一个社会的权力结构如何影响人们的共情能力，进而塑造了不同群体之间的政治交往方式。在公共生活中，共情要处理的问题本质上是"他者"的问题，在政治领域，随着交往范围的扩展，"他者"问题日益凸显，不同种族、不同阶层、不同性别的"他者"都成为学界探讨的问题，这些也是共情的政治实践不得不面对的议题。

---

1 Krause, S. R., "Empathy, Democratic Politics, and the Impartial Juror," *Law, Culture and the Humanities*, 2011, 7(1): 81-100.

2 Ibid., 7(1): 82.

二、 重拾"情感主义"

提到 17—18 世纪的启蒙运动，我们会习惯性地将其标签化为"理性主义"，因为就对后世思想史的影响来说，以康德为代表的理性主义流派的影响确实广泛而深刻，"无论如何，今日的哲学和政治学领域是被理性主义，而非情感主义的继承者统治的。相较于启蒙理性主义，启蒙情感主义长期以来并未得到足够重视"[1]。但其实在 18 世纪道德和政治思想的争论中，还有另外一个流派的身影，即情感主义。它是"理性主义"在思想史上的主要对手，甚至被认为与理性一起构成了思想史上的"二元论"，比如阿彻（Archer）认为，"二元论可视为康德式理性主义（Kantian rationalism）与休姆式情感主义（Humean emotivism）之间的传统论战"。[2] 弗雷泽也指出，18 世纪关于道德和政治反思的分析有理性主义和情感主义两个流派，这表明 18 世纪不仅是理性的天下，也是思想家反思人的同情能力的时代[3]。许多启蒙情感主义的哲学家都讨论了共情的意义，共情被认为在解释道德情感来源时至关重要，它是人

1　迈克尔·L.弗雷泽：《同情的启蒙：18 世纪与当代的正义和道德情感》，胡靖译，南京：译林出版社，2016 年，导言第 3 页。

2　转引自张雅贞《情感与社会批判：人类社会行动的情感解释》，《思与言》2012 年第 50 卷第 4 期，第 180 页。

3　迈克尔·L.弗雷泽：《同情的启蒙：18 世纪与当代的正义和道德情感》，胡靖译，南京：译林出版社，2016 年，第 2 页。这句话中的"同情"就是共情。

与人之间的桥梁。[1] 情感的交流在启蒙情感主义的论述中占据重要的位置。休谟和斯密是其中的代表人物。在启蒙运动中，休谟、斯密虽然常常使用 sympathy 这个词，但表达的也是情感交流的含义，弗雷泽指出，休谟常用 sympathy 来表达一种感情的交流功能。[2] 一般认为，sympathy 和 empathy 可以互通。

与他人的情感共鸣被认为是人的天性。休谟在《人性论》中认为，人性中最引人注目的就是我们拥有的与他人共情的能力，它使我们能够接受其他人的情绪。[3] 共情的产生是因为"类似关系"，休谟说，"对于与我们有关的每样事物，我们都有一个生动的观念。一切人类都因为互相类似与我们有一种关系。因此，他们的人格、他们的利益、他们的情感、他们的痛苦和快乐，必然以同样生动的方式刺激我们，而产生一种与原始情绪相似的情绪。"[4] 休谟所说的共情"包含着一种重要却常被忽视的认知元素"[5]，其产生与理念相关，只要了解人们在某种场景中一般产生什么样的情感，那么仅凭这样的情境，就足

1　迈克尔·L.弗雷泽：《同情的启蒙：18世纪与当代的正义和道德情感》，胡靖译，南京：译林出版社，2016年，第7页。

2　同上书，第47页。

3　休谟：《人性论》，关文运译，北京：商务印书馆，1980年，第352页。

4　同上书，第406页。

5　迈克尔·L.弗雷泽：《同情的启蒙：18世纪与当代的正义和道德情感》，胡靖译，南京：译林出版社，2016年，第48页。

以激发人们的共情。[1] 休谟还区分了理性的共情和非理性的共情，认为非理性的共情有两种，即当共情是基于对不存在的物体的预设时与当人们的判断受到不当手段的阻碍或欺骗时。[2]

"共情"（empathy）虽然是启蒙情感主义的核心概念，但这一概念本身却有复杂的内涵。人们对它的理解包含不同层次。有人将其理解为情感的交流机制，强调共情的"情感"特征，例如阿伦特对"理解的心灵"（understanding heart）和共情作出的区分，有学者指出，"理解的心灵"看起来就是阿伦特后来称为"扩展的精神"的东西，它是"在别人的立场去思考"的能力。而共情则被视为一种试着像别人一样去感受的较为狭窄的体验。相比较而言，扩展一个人的精神，意味着想象其他人的感受和思想。[3] 可见，阿伦特的"理解的心灵"与共情的主要区别就在于后者是"感受"，前者包含"感受"和"思想"，她关注的是共情的情感面向。也有学者将共情理解为"情感传染"，认为它包含"作为他人去感受""与他人一道去感受"以及"为他人去感受"。[4] 这也是在共情的情感层面进行讨论。

---

1 迈克尔·L.弗雷泽：《同情的启蒙：18 世纪与当代的正义和道德情感》，胡靖译，南京：译林出版社，2016 年，第 48 页。

2 同上。

3 Degerman，D.，"Within The Heart's Darkness：The Role of Emotions in Arendt's Political Thought，" *European Journal of Political Theory*，2019．18（2）：153－173．

4 转引自 Brauer，J.，"Empathy as An Emotional Practice in History Pedagogy，" *Miscellanea Anthropologica et Sociologica*，2016，17（4）：29。

　　有人把 empathy 翻译为"同理心"，强调这一概念的情感—认知特征。克劳斯指出，共情是人与人之间通过换位思考而产生的关于情感（sentiments）的情感—认知（affective-cognitive）的交流。与他人共情，就是通过一种把感受和理解相结合的方式，把握他们的情感—认知的视角。如此构想的共情，是一种情感交流的工具，但它绝不缺少理智的内容。[1] 当然，克劳斯有时也强调 empathy 的情感层面，认为它是"一种将他人的情感传达给我们的交流能力，它不是爱或者仁慈"。[2]

　　本书在情感交流的意义上使用共情这一概念，共情是一种情感交流、共鸣的机制。当然，从情感研究关于"情感与认知"的进展出发，情感的交流必然也包含着认知的成分，或者作用于当事人的认知层面。但不管是把共情视为情感还是认知，现有的讨论往往把它看作心理状态或能力。与之不同，莫雷尔把它看作一个过程（empathy as a process），而不是一种状态（a state）。[3] 我们应该关注影响这一过程的因素，它发生的机制以及各种后果。[4] 但把共情视为一个过程，也更多是在心理层面谈论，没有看到共情的实践性。人类情感的交流不仅是心理或身体的机制，它与社会结构、情感表达、文化等都有

1　Krause，S. R.，"Empathy，Democratic Politics，and the Impartial Juror，" *Law，Culture and the Humanities*，2011，7(1)：83.

2　Ibid.，7(1)：84.

3　Morrell，M. E.，*Empathy and Democracy：Feeling，Thinking，and Deliberation*，Philadelphia：The Pennsylvania State University Press，2010，p.14.

4　Ibid.，p.62.

关系。更进一步，本书认为共情不仅仅是一个过程，在政治生活中，它也是一种政治实践，应该把共情与人们的实践活动连接起来。共情并非在与他人相遇时自动触发，也并不总是具有相同的强度。[1]

共情作为政治实践，具有如下内涵：（一）共情是一种情感的流通机制，它与社会结构、文化之间具有密切关联。它不仅仅是人的普遍的心理机制，也是社会结构和文化的产物，本质上具有社会性和文化性。例如，一个群体若要获得其他群体的共情，首先必须要让群体的情感体验具备可见性，进入公共空间，而哪些群体的情感体验能够进入公共空间，与社会的权力结构相关。社会排斥、权力的不平等都可以阻止一些群体的情感体验被公共化，进而强化偏见与歧视。

（二）由于共情与社会结构、权力关系相关，我们就要分析不同主体怎样在公共空间中增加其情感可见性以获得其他群体的共情。围绕共情展开的实践，本质上是人们为争取权利和承认而展开的行动。增加人与人之间的共情有许多方式，比如通过纪录片、电影以及其他大众文化，将特定群体的故事带到公共空间，影响人们对特定群体或事件的判断和情感，进而影响公共政策。2018 年 7 月，电影《我不是药神》上映，广受好评，这部电影关注了一群买不起进口药的病患群体。这样的讲述激发了公众的共情机制，影响了中国进口药的政策。李克强

1　Brauer，J.，"Empathy as An Emotional Practice in History Pedagogy，" *Miscellanea Anthropologica et Sociologica*，2016，17（4）：36.

总理对这部电影引发的舆论作出批示，要求有关部门加快落实抗癌药降价保供等相关措施。[1]

（三）既然共情的能力对于美好社会的建设至关重要，并且是可以后天培养和训练的，那么公民的情感教育就具有重要价值，它有助于建构良好的情感交流机制。一个社会可以通过学校教育、大众文化等渠道培养公众的共情能力。

三、 公共讨论为何需要共情?

（一）情感与认知

情感研究重新看待情感与认知之间的关系，认为情感与认知之间不可分离，情感是人们做出决策的基础，许多情感反应背后也有认知的因素，前文对此已有讨论。政治哲学家将这种新的理解带入政治哲学的探讨之中，其中具有代表性的学者是克劳斯。她在《公民的激情》一书中论述了情感对于人们认知的影响。克劳斯受到脑神经科学家达马西奥（Damasio，A.）的影响，借鉴了脑神经科学对于情感和认知关系的研究，指出情感在个体判断和集体讨论中的作用。

"当我们的内心被激发了，我们的头脑就改变了"[2]，克劳

1　佚名:《李克强就电影〈我不是药神〉引热议作批示》,中国政府网,http://www.gov.cn/guowuyuan/2018－07/18/content_5307223.htm,2018 年 7 月 18 日。

2　莎拉・R.克劳斯:《公民的激情:道德情感与民主商议》,谭安奎译,南京:译林出版社,2015 年,第 227 页。

斯的这句话指出了情感（内心）与认知（头脑）的关系。克劳斯认为，"实践推理的过程是一个整体性的过程，认知与情感在其中深深地交织在一起。"[1] 理性与情感缺一不可。没有情感的理性就像是机器人的"理性"。人的理性之所以不同于机器人的理性，是因为人的理性过程包含了情感的因素。情感并不总是损害个体的认知与判断，相反，情感的激发会改变人们对不同群体处境的判断，增进人们对于他人的理解。只有体验到其他群体的感受，才能够形成更为准确的判断。最近几年，抖音、快手等短视频平台的兴起，为普通人展现自己的生活和表达自己的情感提供了更多机会。在此仅举一例来说明。春节过后，农民工返城务工，面临和孩子再次分别的境况，一些短视频博主将分离的场景记录下来并传播出去，打动了很多人，而这有助于改变人们对留守儿童与相关公共政策的认知。情感也为人们理解其他群体提供了动力，并能够影响政策的制定。如果没有情感，仅有理性无法驱动决定与行动。[2] 当然，克劳斯并不主张所有的情感都可以进入审议民主之中，她认为审议民主需要"吸收那些受影响者经过反思可以认可的情感"。[3]

（二）共情、角色承担与不偏不倚

不偏不倚是审议民主的要求。情感被认为是主观的、个体

---

1 莎拉·R.克劳斯：《公民的激情：道德情感与民主商议》，谭安奎译，南京：译林出版社，2015年，第118页。
2 参见同上书。
3 同上书，第20页。

的，人们在建构普遍的道德原则时，首先寻求的往往是理性。个体的、主观的情感似乎与不偏不倚的审议理想格格不入。但这种对于情感和理性的想象引发越来越多的反思。就算是在被视为理性主义代表的哈贝马斯与罗尔斯那儿，情感的位置也并非像通常认为的那么简单。一些研究指出了"情感"在哈贝马斯思想中的复杂地位。哈贝马斯理想中的话语理论能够创造这样的理想状态，即每个人被要求采取其他人的视角，借助这一视角去理解自己和他人的世界，在哈贝马斯看来，这种理想角色承担能够产生一种"我们视角"（we-perspective）。[1] 没有"我"与"他人"在情感上的相互感受（即共情），就难以理解他人，更不用说采取其他人的视角了。哈贝马斯认为，共情能够让人跨越文化的距离，帮助人们理解他人的生活环境、行为倾向和视角。采取他人的视角，是理想的角色承担之前提。[2]

罗尔斯的正义思想与情感也有复杂的关系。有学者认为，罗尔斯的正义理论与"原初状态"的理论构想，都离不开共情。奥金（Okin, S. M.）甚至认为，共情和其他情感（feelings）在罗尔斯的正义理论中位于核心的位置，尽管罗尔斯没有直接承认这一点。[3] 奥金认为，罗尔斯远不是一个道德理性主义者，诸如

1　Fox，C.，"Public Reason, Objectivity, and Journalism in Liberal Democratic Societies," *Res Publica*，2013(19)：257 - 273.

2　转引自 Morrell，M. E.，*Empathy and Democracy：Feeling，Thinking，and Deliberation*，Philadelphia：The Pennsylvania State University Press，2010，pp. 76 - 77.

3　Okin，S. M.，"Reason and Feeling in Thinking about Justice," *Ethics*，1989，99(2)：229 - 249.

共情和仁慈之类的情感在其正义原则中是非常基础的。[1]

事实上，"不偏不倚"立场之实现并不完全是认知的事情，也不是抽象的理性原则，它还包含对他人的尊重和对他人立场的理解。要达此目标，我们需要与"他人"的感受共情，不仅要理解他人的"所思"，还要能够体会他人的"所感"。对他人的共情，一方面可以帮助我们更完整地理解他人的立场，另一方面，也更有助于站在他人的立场来反思自己的价值取向，这样建立起来的"不偏不倚"才有更为坚实的根基。例如，关于在北京务工的农民工的孩子能否在京参加高考，大众媒体和社交媒体上曾有过不少讨论。围绕这样的议题展开的公共讨论，如何才能更接近不偏不倚呢？仅仅依赖人的理性，并不一定能实现，相反，让议题涉及的各方（至少包括农民工、北京市民）表达自己的观点和感受，通过共情的机制，各方互相体会彼此的情感体验，更容易达成理解和共识。共情不是为了辨识出各自的不同，而是为了获得对不同视角的理解，并在集体决策中给予不同的视角以平等的考量。[2] 也就是说，共情并不是为了指出差异的存在，而是为了理解差异。

基于情感在不偏不倚中的价值，克劳斯提出"情感性的不偏不倚"（affective impartiality）。克劳斯认为，共情（empa-

---

1 Okin，S. M.，"Reason and Feeling in Thinking about Justice," *Ethics*，1989，99
（2）：238.

2 Morrell，M. E.，*Empathy and Democracy：Feeling，Thinking，and Deliberation*，Philadelphia：The Pennsylvania State University Press，2010，p.62.

thy）在民主审议中具有重要意义。公民通过"移情"的机制，设身处地地看待不同的群体，把所有受影响的当事人的合法情感考虑进去，并把它们吸收进一个普遍化的立场（generalized standpoint）[1]，这有助于民主审议中的"不偏不倚"。正是人与人之间的情感共鸣使不同经历可以被互相理解。[2] 克劳斯认为，共情还有助于形成普遍化的视角，而理性人标准要求我们根据一般人的普遍感受来思考他人的感受。因此，它需要一种关于情感的普遍化的视角，这一视角需超越狭隘的偏袒、私人利益和个人偏见。共情使人们有机会获得这种普遍视角。

（三）重新设想"多元公众"

哈贝马斯的公共领域理论和关于审议民主的论述，偏向于理性的话语风格，并且将讨论的议题限制在"公共善"（common good）的范围之内，私人的议题、兴趣和话语则不受欢迎，甚至被拒之门外。但南茜·弗雷泽（Fraser，N.）认为，资产阶级的公共领域并不平等，一些群体被排斥在外，单一的公共领域会强化不平等，理性的话语要求显然更有利于主流的

1　Krause，S. R.，"The Liberalism of Love"（reviewing Political Emotions：Why Love Matters for Justice by Martha C. Nussbaum），*University of Chicago Law Review*，2014，81（2）：833 - 849，available at：http://chicagounbound. uchicago. edu/uclrev/vol81/iss2/8.

2　Krause，S. R.，"Empathy, Democratic Politics, and the Impartial Juror," *Law, Culture and the Humanities*，2011，7（1）：85.

社会阶层，而不利于社会的弱势群体。[1] 例如，我们很难设想
要求一位受教育程度低的普通人使用理性的、适用于公共辩论
的语言去争取自己的权利。杨（Young，I. M.）也认为，"好
的"（比如理性的）政治沟通的规范并不是中立的，而是倾向
于反映社会权力群体的沟通风格。[2] 由此，不平等的后果是不
可避免的，除非我们扩展关于政治沟通的想象，去包容更多的
情感元素。[3]

沟通风格的偏好也与社会排斥有关。杨指出在政治讨论和
政策制定中存在的外部排斥（external exclusion）和内部排斥
（internal exclusion），外部排斥是"将某些群体或个人排除在
决策制定过程或者辩论场所之外，或者允许某些群体或个人支
配性地控制着在决策制定过程或者辩论场所中发生的事情"，
内部排斥则是"那些关于讨论的条款制定了不为某些人所共享
的各种假设，那种互动过程给某些特殊的表达风格赋予了特
权，将某些人的参与看作违反规则而使其被排除在考虑之
外"。[4] 相对于外部排斥，内部排斥更容易被忽视。"理性主义"
的话语模式就是一种内部排斥机制，它将一些不符合理性风格

1　Fraser，N.，"Rethinking the Public Sphere：A Contribution to The Critique of Actually Existing Democracy，" *Social Text* ，1990(25/26)：63 - 67.

2　Young，I. M.，"Communication and the Other：Beyond Deliberative Democracy，" in *Democracy and Difference* ，ed. Seyla Benhabib. Princeton，NJ：Princeton University Press，1996，pp. 120 - 35.

3　Bickford，S.，"Emotion Talk and Political Judgment，" *The Journal of Politics* ，2011，73(4)：1025.

4　艾丽斯·M.杨：《包容与民主》，刘明译，南京：江苏人民出版社，2013 年，第 65 页。

的话语排除在审议过程之外，例如，社会弱势群体受限于受教育程度，难以采用理性主义的话语模式，由此也常常被哈贝马斯式的公共领域所排斥。因此，对于"情感"的排斥，往往也是对一些群体的排斥。弗雷泽则构想一种"多元公众"的模式，弗雷泽认为，公共领域和审议民主中的"公众"是多元的，我们应该以一种"多元公众模式"来允许多元的话语风格进入审议的过程，探讨不同的话语风格是如何竞逐的。[1]

　　共情的视角提供了重新审视"多元公众"的路径。如果承认情感交流对于民主审议的意义，那么，为了更好地促进不同群体之间的共情并发挥其功能，民主审议应该更具有包容性，容纳更多元的群体和话语风格，包容一些群体对于自身情感的表达。多元的审议风格可以减少社会排斥，杨认为"问候、修辞与叙述"三种沟通模式可以减少内部排斥。[2] 当然，杨本身对于情感在审议民主中的角色还是存疑的。[3] 莫雷尔则支持将共情纳入民主审议中，认为它更有助于提升包容性。纳入情感的民主审议会更尊重不同群体之间的差异。情感的表达实践还会促进社会团结。依据罗蒂的观点，通过纪录片、小说、新闻报道等方式，详细描述陌生人，能够增进不同群体之间的团

1　林宇玲：《网路与公共领域：从审议模式转向多元公众模式》，《新闻学研究》2014年总第 118 期，第 55—85 页。

2　艾丽斯·M. 杨：《包容与民主》，刘明译，南京：江苏人民出版社，2013 年，第 65 页。

3　参见 Morrell, M. E., *Empathy and Democracy: Feeling, Thinking, and Deliberation*, Philadelphia: The Pennsylvania State University Press, 2010.

结。[1] 罗蒂虽然没有直接讨论情感，但诸如纪录片、小说、新闻等形式，与理论的不同之处，恰恰就在于它们善于表达人们的感受、激发人们的体验。情感的表达与交流能够增进不同群体相互理解和团结的方式，因为不同群体正是通过相互之间的感受和情感表达才形成彼此之间的关系，而不单单是依靠理性。

四、 脆弱的共情

共情机制重要又脆弱，尤其在面对"距离"的时候。共情要求人们能够感受他人的体验，这依赖于经历、心理、身体、表情等要素的连接，而这些都会被距离削弱。狄德罗写道："空间和时间的距离在一定程度上可能会削弱各种情感和意识。"[2]共情与空间的距离直接相关。在斯密看来，共情受到空间的限制，它主要产生于三种空间：物理的（the physical）、情感的（the affective）和历史/文化的（the historical/cultural），这三种空间塑造了共情的运作方式，构成了"共情活动的空间结构"（spatial texture of sympathetic activity）。[3]

从物理空间的角度来说，人们更倾向于对近距离的人或事

1 理查德·罗蒂：《偶然、反讽与团结》，徐文瑞译，北京：商务印书馆，2003 年，导论，第 7 页。
2 Ginzburg, C., *Wooden Eyes：Nine Reflections on Distance*, Columbia University Press，2001，p.161.
3 Forman-Barzilai，F.，"Sympathy in Space(s)：Adam Smith on Proximity,' *Political Theory*，2005，33(2)：189 - 217.

件产生共情，距离越远，共情能力似乎越弱。这也与大众传媒有关，它更偏向于报道本地发生的事件，影响了人们的共情范围。当然，影响情感的"距离"并不仅仅是（甚至可以说，并不主要是）指物理的空间距离，它还包括各种社会和文化的距离，比如血缘关系、相近的社会阶层、相似的语言等。通常，人们会优先与血缘关系相近、阶层和文化相似的人产生共情。休谟在《人性论》中认为，和我们在举动、性格、国籍、语言方面相似的对象，会更容易激发我们的共情。这些因素都可以被视为社会和文化的"距离"。休谟也认为距离影响了共情能力："别人如果与我们距离很远，那么他们的情绪的影响就很小，需要有接近关系，才能把这种情绪完全传达给我们。"弗雷泽认为休谟的最主要论断就是两个个体越相似，感情的相似性就越大，感情的传递也容易更强劲，影响因素还包括时空的接近以及预先存在的血缘或喜爱关系。[1]

因为共情活动空间结构的存在，共情常常带有一些偏见。我们更容易与和我们有关系的人产生共情。[2] 这可以解释许多社会问题。比如，在移动互联网时代，水滴筹等大病救助费用众筹平台兴起，人们经常会遇到一些众筹捐助信息，但通常会优先关注与自己有血缘关系、地域接近性、阶层相似性，或者同属某关系网络的人。疾病唤起的捐助行为有着明显的偏向

---

[1] 迈克尔·L.弗雷泽：《同情的启蒙：18 世纪与当代的正义和道德情感》，胡靖译，南京：译林出版社，2016 年，第 49 页。
[2] 同上。

性。这是共情的局限。再例如，在公共空间中，一些事件能够被迅速传播，另一些则传播速度较慢，或者只能在较小范围内传播。背后的影响因素之一就是事件与大众的接近性，越是接近，越容易引发共情，越容易获得传播。比如一起事件如果与每一个人的利益相关，就容易大范围地传播，反之，如果只与少数人相关，就难以传播开来。共情的偏见可以解释事件传播的不平等。当然，弗雷泽认为，这样的偏见可能随着情感的发展而被反思性地修正，他认为，随着情感的发展，我们会反思性地扩展我们的共情能力，扩展共情的范围，然后逐渐要求改革，让政策能更多地关心所有人。[1] 但反思性自身也难以完全超越共情的局限。

除了共情本身固有的问题，共情的偏见还受到社会结构、社会体制的影响。弗雷泽概括了休谟的观点：压抑性的社会体制可能将一部分人排除到我们的共情范围之外，也可以通过往某一个方向培养我们的品格，让我们对一部分人的遭遇和苦痛变得麻木，削弱共情的意愿。[2] 充满排斥的社会，会阻碍人们之间的情感交流，令不同群体、不同阶层之间的情感传寻受

1　迈克尔·L.弗雷泽：《同情的启蒙：18 世纪与当代的正义和道德情感》，胡靖译，南京：译林出版社，2016 年，第 11 页。
2　同上书，第 62 页。

阻,进而阻碍共情的产生,形成共情障碍[1]。休谟的这一洞见也影响了当代的政治哲学家克劳斯。

克劳斯基于对情感和认知关系的重新理解,提出"激情的政治",认为情感在个体判断和集体商议过程中的价值显著。但这要求不同公民、不同群体的情感能够自由、平等地交流,不平等的政治秩序和社会结构则有可能导致一些边缘群体的情感体验无法进入公共空间,甚至造成偏见的永久化,克劳斯指出,共情能够穿过不同的生活经历,但也不能否认由种族主义等严重的结构性不平等带来的共情障碍。[2] 因此,对于克劳斯而言,"激情的政治"适合的是自由民主的政治设计,因为这一设计能够让不同群体的情感自由地表达和流通,促成不同群体之间的情感交流。反之,不平等的社会结构则会压抑一些弱势群体的情感表达,造成情感的流通不畅,阻碍共情的发生。也

1　剑桥大学精神病理学教授巴伦-科恩(Simon Baron-Cohen)将共情机制划分为七个等级。处于0级的个人完全没有共情,处在1级的人可能会伤害个人,但他们对自己的行为有一定的反思,也会出现懊悔,只是在事发的时候控制不住自己。处在2级的人仍然有巨大的共情障碍,但他们对他人的感受已经有了一些体会,不会再发动身体攻击,他们看到别人的感情受到伤害,也会有共情的能力意识到自己做错了事情。处在3级的人已经知道了自己有共情障碍,可能会为此掩盖或者补偿,例如主动回避一些使用共情的工作。处在4级的人已经有了接近均值的共情,虽然略有迟钝,但大多数的时候已经不影响日常行为。处在5级的人,共情略微超过均值,他们可以通过亲密的情绪、彼此的信任、相互的支持来建立友谊。处在6级的人,具有真正超凡的共情能力,始终关注别人的感受,并及时送上关怀和支持(巴伦-科恩,2018,第29—30页)。这七个等级的划分,也可以用来描述一个社会的共情文化。

2　Krause, S. R., "Empathy, Democratic Politics, and the Impartial Juror," *Law, Culture and the Humanities*, 2011, 7(1): 85.

正是基于此，许多支持将共情纳入政治和审议民主的思想家都持有这一观点，即共情适用于民主的政治文化。但如果共情不能跨越种族主义、民族主义等带来的障碍，如果它完全依附于社会结构，那么其政治价值就会被大大削弱。

除了结构性因素，共情在心理机制上也有诸多局限。我们以同情这种情感来说明。这里的"同情"是 compassion，即面对别人的不幸遭遇而产生的情感。这种情感有助于社会的团结，有助于推动人与人之间的互助。但它有明显局限，即不少研究指出的"同情疲劳"（compassion fatigue）的问题，当人们看多了别人的痛苦时，就会产生冷漠、倦怠等体验。"同情疲劳"的存在阻碍了对一些群体的持续关注和同情。其他情感也有类似的问题，情感体验的阈限不断提高。此外，当一些情感或感受是痛苦的时候，人们也会回避这些情感，各种认知机制会让我们远离它们。[1] 比如，看到他人的苦难，如果感同身受，就会体验到同情、痛苦等情绪，这些情绪并不是美好的体验，它会让人们产生回避心理，进而导致不愿意真正面对别人的苦难。

共情的发生需要特定的条件，共情者与被共情的对象之间的生活经验越是相似，越是容易相互理解，也就越容易发生情感的共鸣。但有学者指出，我们无法完全把自己放在别人的位置，人与人之间的经验具有不可交流、无法沟通的特征，如布

---

1 Krause，S. R.，"Empathy，Democratic Politics，and the Impartial Juror，" *Law，Culture and the Humanities*，2011，7（1）：85.

克哈特（Burkhalter，S.）、加斯蒂尔（Gastil，J.）和凯尔肖
（Kelshaw，T.）指出，"把自己放在别人的位置上是根本不可能
的"，因为这需要摆脱自己的文化和历史经验。[1] 当然，共情的
发生是否一定需要如此严格的条件也是存疑的，莫雷尔就认
为，共情的能力"的确需要人们分享足够相似的经验，以便他
们之间能够有一些匹配，但他们的经验并不需要完全一样"，
人类的愉快、痛苦、欲望、挫折、后悔等经验为共情提供了肥
沃的土壤。[2]

共情既脆弱又不稳定。人们此刻可以共情，彼时就不一定
了，共情的发生机制常常因时而异，因事而异。此外，人们即
使能够体验到别人的思想和情感，即使能够产生共情，也不一
定愿意付诸具体的行动，更不一定愿意牺牲自己的利益去增进
别人的福祉。在这个意义上，这些心理机制上不稳定的共情能
力需要经由政治实践，将其转变为制度，才能够减少它的脆
弱性。

五、 面对"他者"：多重空间中的共情

人类的共情能力可以在审议民主乃至广义的公共生活中扮
演更为重要的角色。在一个社会中，人们依据什么样的机制交

1 Burkhalter，S., Gastil，J. and Kelshaw，T.，"A Conceptual Definition and Theo-retical Model of Public Deliberation in Small Face-to-Face Groups," *Communi-cation Theory*，2002，12(4)：398 – 422.
2 Morrell，M. E.，*Empathy and Democracy：Feeling，Thinking，and Deliber-ation*，Philadelphia：The Pennsylvania State University Press，2010，p.165.

流情感、哪些群体的情感能够被优先传播进入公共空间，**都**受到社会结构、文化因素的影响。人们的情感表达和交流依据社会和文化的规则。将共情视为政治实践，有助于我们在一个更广阔的视野中理解它在政治生活中的意义。

在福纳·福曼-巴齐莱（Forman-Barzilai，F.）看来，共情发生在历史—文化、亲密关系和物理三种空间之中。共情受到历史文化、亲密关系和物理接近性的影响。在全球化时代，这三种空间变得更为复杂。全球交往改变了历史—文化空间，跨族群的交往以及新的身份认同改变了亲密关系的空间形态，日益发展的电子媒介扩展了物理空间的边界，或者可以说使得原有的物理空间边界变得不再具有重要意义。这些都是共情的政治实践需要面对的背景。如福纳·福曼-巴齐莱所指出的，在世界主义的议程中，我们需要更深入地分析物理空间、情感空间和历史—文化空间之间的紧张关系和兼容性。[1] 这是未来值得研究的议题。

全球化及其带来的空间变化，导致"他者"问题凸显，而这构成了思考包容、权利、正义、身份等绕不开的议题。这是共情的政治实践需要面对的情境。全球交往的时代，人们频繁遭遇各种类型的"他者"，比如文化层面的"他者"、政治层面的"他者"、种族层面的"他者"等，不得不处理差异的问题。在这一点上，共情机制可以发挥作用。共情首先要面对"差

---

1 Forman-Barzilai，F.，"Sympathy in Space(s)：Adam Smith on Proximity，"*Political Theory*，2005，33(2)：211.

异",没有差异就无须共情。共情的政治实践可以帮助我们更好地处理"他者"问题,比如移民问题、种族问题、动物保护问题,这些都构成了公共生活中共情的问题指向。共情的政治实践为人们思考和解答这些问题提供了新的视角。比如,建构更公开的、具有包容性的空间,为"他者"表达自己的感受和体验提供更多的通道,增加不同群体之间的情感交流,这些措施都有助于观念的改变,增进不同群体之间的理解,进而有助于民主审议。

第三章

恻隐之心，人皆有之？

同情的偏见与公共生活

里斯本变成了废墟；巴黎，人们还在跳舞。

—— 伏尔泰

一、 同情的社会建构

2015 年 6 月 9 日，毕节市七星关区田坎乡 4 名留守儿童在家中自杀身亡。这 4 名留守儿童是一兄三妹，最大的哥哥 13 岁，最小的妹妹才 5 岁。根据媒体报道，这四个孩子无人照料，父亲时常外出打工，母亲离家出走。事发后，国务院总理李克强曾不点名地谈到毕节留守儿童自杀事件："特别是个别极端事件的发生，严重冲击着社会道德底线，刺痛着人们的神经。"[1] 在这一事件发生的三年前，毕节还发生了一起留守儿童事件。2012 年 11 月 16 日，在毕节市七星关区，5 名留守儿童（最大 13 岁，最小 9 岁）在垃圾箱内生火取暖，导致一氧化碳中毒死亡。[2] 两起毕节留守儿童事件唤起了公众同情。同情连接了毕节留守儿童与公众，推动事件进入公共空间，促使政府作出回应。更多的案例显示出同情在政治生活中的重要性：同情可以带来团结，也可能被操纵；它可以跨越阶层、跨越空间地去感受别人的苦难，又受到社会结构的制约。本书将探讨同情如何塑造公共生活。

借助共情的机制，人们可以体验到他人的喜怒哀乐，与他

---

1 程姝雯：《李克强：决不让留守儿童成为家庭之痛社会之殇》，《南方都市报》2016 年 1 月 28 日，第 A17 版。

2 周宽玮：《贵州 4 留守儿童疑中毒死亡地区：3 年前 5 孩子垃圾箱内身亡》，澎湃新闻，https://www. thepaper. cn/newsDetail _ forward _ 1340433，2015 年 6 月 10 日。

人同悲同喜。[1] 共情使得痛苦获得了主体间性的意义。他人的痛苦会引发人们的关怀、怜悯，这可以称为同情（compassion），即基于他人痛苦而产生的反应。那么，应该如何理解同情？我们首先要界定"同情"这个多义的概念。《现代汉语大词典》上"同情"的定义是：对于别人的遭遇在感情上发生共鸣，或对别人的行动表示理解。[2] 本书主要采用第一层含义。在西方，表示"同情"含义的单词主要有 sympathy 和 compassion。牛津英语词典（*Oxford English Dictionary*）将 sympathy 的解释为：被别人痛苦或遭遇影响的状态；将 compassion 的解释为：被别人的不幸打动的感受或情感。两者的含义是接近的，但辉杰尔（Höijer，B.）也指出，sympathy 并不像 compassion 一样包含公共和政治的维度。[3]

同情常被理解为"人皆有之"的本能反应：看到别人的痛苦，人们自然而然会产生同情。"恻隐之心，人皆有之。"休谟和斯密也在这一意义上讨论"同情"。休谟认为，"怜悯（pity）是对他人苦难的一种关切"，即使是对陌生人、对那些与我们完全无关的人，我们也会产生怜悯。[4] 斯密把"同情"视为人

---

1 休谟：《人性论》，关文运译，北京：商务印书馆，1980 年，第 406 页。

2 阮智富、郭忠新编著：《现代汉语大词典·上册》，上海：上海辞书出版社，2009 年，第 1132 页。

3 Höijer，B.，"The Discourse of Global Compassion：The Audience and Media Reporting of Human Suffering," *Media*，*Culture & Society*，2004，26（4）：513 - 531.

4 休谟：《人性论》，关文运译，北京：商务印书馆，1980 年，第 406 页。

的天性。在斯密看来,"无论你认为人是如何自私,但在其本性中显然还存有某些天性,使他关心他人的命运,并把他人的幸福当成自己生活的必需,虽然除了看到他人的幸福所感到的快乐,他从中一无所获。这种天性就是怜悯或者同情,就是当我们看到他人的不幸,或者非常生动地想象他人的不幸时所感觉到的那种情绪。"[1] 卢梭(Rousseau,J. -J.)也把同情看作人天生的心理,他认为"同情"是"人天生就有一种不愿意看见自己同类受苦的厌恶心理,使他不至于过于为了谋求自己的幸福而损害他人,因而可以在某种情况下克制他的强烈的自尊心,或者在自尊心产生之前克制他的自爱心"。[2]

然而,把同情视为人的本性或本能性反应,会忽略同情形成的过程中所包含的一系列因素,其中,认知的元素很重要。这里需要提及努斯鲍姆(Nussbaum,M.)关于同情与认知的论述。努斯鲍姆持一种认知主义的情感立场[3],她认为情感是关于价值的判断(judgments of value),判断对于情感而言不仅是必要的,也是充分的。[4] 以此为出发点,努斯鲍姆论述了同情背后的认知因素。在她看来,同情的构成包含:关于不幸的程度的判断,即别人的不幸比一般情况更为严重;不幸是不

---

1 亚当·斯密:《道德情操论》,赵康英译,北京:华夏出版社,2010年,第5页。

2 卢梭:《论人与人之间不平等的起因与基础》,李平沤译,北京:商务印书馆,2007年,第72页。

3 左稀:《情感与认知——玛莎·纳斯鲍姆情感理论概述》,《道德与文明》2013年第5期,第135—142页。

4 Nussbaum, M. C., *Upheavals of Thought*:*the Intelligence of Emotions*,Cambridge:Cambridge University Press,2001,p.19-48.

应得的；这个人也是我生活计划和生活目标的重大组成要素。[1]
因此，同情事实上是一个包含情感和认知的反应。[2]

同情与认知相关，它就不是中立的情感，而是被社会、文化建构的。[3] 人们认为哪一类群体更值得同情、在一起具体事件中哪一个体更容易产生同情、如何表达同情，这些都与政治、文化因素有关。例如，卡尔·江本（Enomoto，E. C.）分析了在"辛普森案"中，种族、年龄、性别、收入、教育等因素如何影响了公众对辛普森的态度。该研究发现，相对于白人，黑人更倾向于同情辛普森，相信他是无辜的；年龄较长者、男性、较高收入者、受教育程度较高者更少同情辛普森且相信他是有罪的。[4] 这说明，同情的发生与宏观的社会文化等因素有紧密关系。在当代中国的一些冲突性事件中，公众常常会划分出强势群体与弱势群体，并倾向于同情他们认为弱势的一方。这种同情的结构就与文化观念、对权力的感受等一系列社会文化因素相关。

媒体是塑造同情的重要机构。布尼斯（Bunis，W. K.）、

1　Hoggett，P.，"Pity，Compassion，Solidarity，" edited by Clarke，S.，Hoggett，P. and Thompson，S.，*Emotion*，*Politics and Society*，Palgrave，2006：146.

2　Höijer，B.，"The Discourse of Global Compassion：The Audience and Media Reporting of Human Suffering，" *Media*，*Culture & Society*，2004，26（4）：513 – 531.

3　Chouliaraki，L.，*Spectatorship of Suffering*. London：SAGE Publications Ltd，2006，p.11.

4　Enomoto，C. E.，"Public Sympathy for O. J. Simpson：The Roles of Race，Age，Gender，Income，and Education，" *American Journal of Economics and Sociology*，2010，58（1）：145 – 161.

扬西克（Yancik，A.）与斯诺（Snow，D. A.）分析了媒体对美国的无家可归者、女性以及英国的无家可归者（及其他不幸者）带有尊重的"同情"。该研究显示，对无家可归者的同情有周期性变化，自 11 月的感恩节开始增加，到 12 月的圣诞节达到顶峰，同样的变化也发生在对女性的同情上。因此，"同情"是一种带有仪式性的文化。[1] 中国媒体的同情表达受到"弱势群体—强势群体"二元框架的影响，许多事件中，媒体都倾向于同情他们认为的"弱者"。这些研究都说明"同情"是社会建构的产物。

现代社会改变了人们的同情。随着社会交往范围的扩大，人们与各种类型的陌生人相处已经成为生活中的常态，对他人的道德义务也发生了变化。在这种情境下，人们同情的对象范围也从周围的人群扩大到远方的人。此外，新的传播技术的发展不断地在"我们"与"他们"之间建立联系："远处的苦难"（distant suffering）借助图片、图像等方式，在世界范围内流传，塑造了"全球同情"（global compassion）的形态；"我们"社群的形成不再以物理空间作为重要的考量因素，而是借助社交媒介，同气相求，形成多元的网络社群，影响了人们对他人痛苦的感受方式。

克拉克（Clark，C.）提供了一个分析同情的框架。他认

1　Bunis，W. K.，Yancik，A. and Snow，D. A.，"The Cultural Patterning of Sympathy toward the Homeless and Other Victims of Misfortune，" *Social Problems*，1996，43(4)：387 - 402.

为同情（sympathy）是由文化的"感受规则"（feeling rules）
和关系结构来引导的，它有三个"组件"：移情（empathy）、
情绪（sentiment）和表达（或展示，expression or display）。
移情可以让我们体验到别人的困境和不幸；情感的强度与移情
以及关于别人困境的判断都有关系，它也与我们觉得"我们是
相对幸运的"有关系；同情的表达借助姿势、面部表情、口头
语言等。[1] 移情就是上一章讨论的共情，是一种情感交流的机
制，它影响着人们感受他人痛苦的范围和方式。同情的情绪建
立了人与人之间的关系，贝兰特（Berlant, L.）指出，同情
（compassion）意味着一种观者与受难者的社会关系，这种社
会关系强调观者的同情感体验以及随之而来的实践。[2] 同情的
表达和展示是一种具有社会性、文化性和政治性的实践活动。
本章接下来主要分析人们在感受他人痛苦的基础上形成的同情
形式，社会结构如何影响着人们的同情，国家在灾难事件中如
何表达同情、展示同情形象，以及全球同情的空间结构问题。

二、 同情的审美模式

"我走了很远的路，吃了很多的苦，才将这份博士学位论
文送到你的面前。二十二载求学路，一路风雨泥泞，许多不容

---

1 Clark, C., "Sympathy Biography and Sympathy Margin," *American Journal of Sociology*, 1987, 93（2）：290 - 321.
2 Berlant, L.（ed.）, *Compassion: The Culture and Politics of An Emotion*, New York and London: Routledge, 2004, p.1.

易。如梦一场，仿佛昨天一家人才团聚过。……人情冷暖，生离死别，固然让人痛苦与无奈，而贫穷则可能让人失去希望。家徒四壁，在煤油灯下写作业或者读书都是晚上最开心的事。如果下雨，保留节目就是用竹笋壳塞瓦缝防漏雨。"这是中科院博士黄国平在论文致谢中的一段话。2021 年，这段讲述求学过程中苦难的论文致谢打动了大众，唤起网民的同情，在社交媒体上"走红"。在数字媒介时代，我们与他人的苦难相遇，已经成为日常：各类与苦难相关的事件，经由媒体报道和社交媒介的传播，被大众看见。这一节将分析人们如何感受他人痛苦、产生了哪些形式的同情。

面对他人的痛苦，人们的同情有不同的形式（forms），博坦斯基（Boltanski，L.）指出三种情感反应，即谴责模式、煽情模式与审美模式。[1] 在这一研究的基础上，辉杰尔在讨论全球同情的话语时指出，在他讨论的受众反应中，审美模式是很难见到的，但还有其他两种博坦斯基没有发现的形式，即同情与羞愧感结合在一起、同情与无力感结合在一起，这样共有四种形式的同情，即慈悲的同情（tender-hearted compassion）、充满谴责的同情（blame-filled compassion）、充满羞愧的同情（shame-filled compassion）以及无力感的同情（powerless-

---

[1] Boltanski，L.，*Distant Suffering：Morality，Media and Politics*，Cambridge：Cambridge University Press，1999."谴责模式"是把同情与愤怒结合起来，指控犯罪者；"煽情模式"是指人们的注意力集中在受害者和捐助者上上，包含了感动和感激，不需要寻找一个犯罪者去指控；"审美模式"是把别人的不幸看作崇高的，而不是不公正的（Höijer，2004）。

ness-filled compassion）。"慈悲的同情"关注的是受害者的痛苦以及旁观者的怜悯反应，比如"当我看到难民的时候我的心碎了"。"充满谴责的同情"带来的是愤怒，这种愤怒可能直接针对"施害者"，带有批判性。例如在毕节留守儿童事件中，公众因为对留守儿童的同情而产生对当地政府机构、孩子父母的愤怒。"充满羞愧的同情"是指因自己舒服生活以及别人痛苦而产生的矛盾情绪，它可以导致对自己的愤怒。"无力感的同情"是自己在减轻他人痛苦上面的无能感。[1] 这四种类型的同情在不同的事件中表现不同。整体来看，"充满羞愧的同情"较少出现在中国的公共话语中，这意味着公众很少认为自己应该对他人的痛苦负有道德义务。

辉杰尔认为同情的审美模式很难见到，这一观点并不符合中国的情境。相反，许多案例都显示，苦难进入公共空间与大众同情的审美模式相关。在黄国平博士论文致谢流行的过程中，我们便可以看到审美模式的作用。该致谢之所以流行，主要原因并不是其中的苦难书写，而是黄国平在文字中流露出来的而对苦难命运的不屈和奋斗精神。人们带着审美的态度来欣赏这样的人生。同情的审美模式经常出现在大众媒体上。2017年，范雨素的出名与同情的审美模式相关。

范雨素是一位北京育儿嫂，在《我是范雨素》之前，她也

---

1 Höijer，B.，"The Discourse of Global Compassion：The Audience and Media Reporting of Human Suffering，"*Media*，*Culture & Society*，2004，26（4）：513 - 531.

创作过文学，发表过《农民大哥》，但她为更多人所知则是因为《我是范雨素》这篇文章的发表。2017年，界面新闻旗下的非虚构写作平台"正午"发表了此文。在文中，范雨素讲述了自己家三代人的经历和命运，交织了阶级、城乡和性别等议题。据报道，该文的阅读量达到349万。[1] 各类媒体上也发表了不少关于这篇文章的评论。

从文本来看，《我是范雨素》包含多个主题，除个体命运之外，还有教育、社会歧视、个人尊严等问题。尽管范雨素的行文简洁、平淡、幽默，但大众传媒对范雨素的报道以及公众对这一文本的解读，看到的更多是范雨素对抗命运的淡然及其蕴含的力量。例如，《我是范雨素》的责任编辑在其写作的《关于范雨素的手记》（以下简称"手记"）中认为这一文章之所以流行，"最重要的是，文章有种道德力量。"[2]《中国青年报》对此文作了这样的评论："她的文字里有一种超越用悲情贿赂自己的道德力量。生存的重量并没有扭曲人的灵魂和尊严，世界吻我以痛，我却报之以歌。"[3] 手记中称范雨素"好像一位局外人，带着冷峻的幽默和理解力，写人物的可笑可叹，周围人的关怀与无奈，描述聪明机警，有讽刺性，语言风格强烈，有很

1　郭睿：《范雨素"消失"后，我们挖到了更多的内幕》，访问日期：2019年6月20日，发表日期：2017年4月28日，取自凤凰网 http://finance.ifeng.com/a/20170428/15328045_0.shtml。

2　淡豹：《关于范雨素的手记》，访问日期：2018年10月17日，取自 https://www.jiemian.com/article/1275141.html，2017年4月25日。

3　曹林：《你们总在说底层沦陷和互害，范雨素报之以歌》，《中国青年报》2017年4月28日，第5版。

大的距离感和同情心，不大写苦难、反抗、工业劳动过程和工厂空间细节"[1]。在手记中，作者还提到，"尊敬让人心疼的弓，爱护受苦受难的人，人都在受苦，不仅所谓底层。"许多类似的对范雨素的解读，都是"去阶层身份"的，解读的框架往往是道德的或者是从她对待命运的坚毅、淡然等角度展开。这也是一种带有审美色彩的同情。

审美模式的同情虽然可以推动事件、当事人或相关的议题进入公共空间，但迎合了主流群体趣味的同时，也造成苦难在公共空间中的被消解和被消费。在审美模式的作用下，个体（尤其是弱势群体）的痛苦若要进入公共空间，需要"再构"（re-frame）的机制，即把个体的苦难转化成符合主导群体审美趣味的风格。通常来说，"再构"主要由大众传媒、在社会中占据优势地位的群体来完成。"再构"机制难以为个体的苦难进入公共空间提供稳定的支撑，甚至有可能带来对于苦难的"猎奇"、消费和偏见。

三、 同情的"偏见"

同情重要又极其脆弱，受到许多因素的影响。上一章分析的影响共情的因素也适用于对同情的讨论。弗雷泽认为，影响共情的因素包括相似性、空间的接近性，以及预先存在的血缘和喜爱的关系。这些因素也影响着人们感受

1 淡豹：《关于范雨素的手记》，访问日期：2018 年 10 月 17 日，界面新闻：https://www.jiemian.com/article/1275141.html，2017 年 4 月 25 日。

他人痛苦、形成同情的方式。接下来具体分析这些因素的影响。

（一）相似性：我们更容易同情相似的群体，包括阶层的相似性、种族的相似性、文化的相似性等。同情要求能够体验别人的痛苦，最好能够设身处地去体验他人的感受。阶层的位置、种族和文化越相似，越能够形成接近的体验，也更容易形成同情。这一机制对公共生活造成了影响，公众更容易体验同一阶层的痛苦。考虑到公共空间是由社会优势群体主导的现实，我们可以推论，弱势群体的痛苦难以进入公共空间。种族的相似性亦使得公众更容易同情本国、本族人们的痛苦，这一点下面会具体论述。不同文化间的区隔会造成公众难以体验其他文化人群的痛苦，弱化同情感。

相似性机制可能会造成公众远离同情。辉杰尔曾经指出受众远离同情的几种策略，一种是拒绝媒体关于真实的宣称，认为媒体制造了扭曲的图像，过于关注暴力和人类痛苦。还有一种是采用"我们—他们"的视角（us-them perspective），把遭受苦难的人们"非人化"（dehumanized），认为他们身处和"我们"完全不同的文化，不同情也就被合法化。[1] 无论是阶层、种族，还是文化，都是生产"我们—他们"的方式，将受苦的群体建构为与"我们"完全不同的群体，甚至污名化受苦

---

[1] Höijer, B., "The Discourse of Global Compassion: The Audience and Media Reporting of Human Suffering," *Media, Culture & Society*, 2004, 26(4): 524 - 525.

的群体，都会造成冷漠。

我们以前文提到的 2012 年毕节留守儿童事件为例来分析。在这一案例中，一些人认为留守儿童的父母不值得同情。网易《人间》曾发表题为《毕节五少年垃圾箱死亡之后》的调查报道，描述的是 2012 年留守儿童事件之后三个家庭的故事。在数千跟帖中，有人持这样的观点："好吃懒做是他们的本性，国家给他们再多的钱也没有什么用，其实国家应该把钱用在教学上，下一代才有希望。""这是观念问题。越落后的地区，人的观念越差劲。饿是饿不死，但是发家致富只是在酒醉后的梦里出现。"在这样的表述中，以留守儿童父母为代表的群体被贴上负面标签，被置于与"我们"的文化不同的位置，由此得出的结论就是"痛苦是应得的"。这是本案例中网民"远离"同情的主要策略。

（二）空间的接近性：事件发生的地点，距离我们越近，越容易唤起同情。同样严重的灾难，发生在不同的地方，会引发不一样的同情反应。空间接近性使得同情带有明显的偏见。由于媒体资源的空间分布是不均衡的，有些地区拥有丰富的传播资源，有些地区的传播资源比较贫瘠，在空间接近性这一因素的影响下，不同地区的苦难被媒体关注到的机会是不同的

（三）预先存在的血缘和喜爱的关系：我们会优先同情有血缘关系和亲密关系的群体。

相似性与空间接近性，都与社会结构关系密切。就相似性而言，人与人之间、群体与群体之间的相似性，既有先天的因素，也与后天的社会文化塑造有关，具体来说，我们把什么

人、哪些群体视为相似的存在，既与肤色、母语相关，也是文化观念建构的结果。学界已经有大量的关于"他者"塑造的成果，他者之所以是他者，是一系列权力运作的结果。占据优势社会位置的群体，有塑造"他者"的优先权。因此，所谓的相似性与社会结构的运行直接相关。空间接近性中的"空间"不仅是物理空间，也指社会文化的空间，尤其是在社交媒体时代，物理意义上的空间的重要性在衰落，社交媒介形成的各种文化空间越来越显著，但它并未消解边界的意义，相反，各种边界、新的空间和权力关系，都在重新生成。社交媒介的空间接近性影响了人们的同情结构：灾难虽然可以跨越物理边界传播，但人们更倾向于同情相似文化空间的痛苦。

同情受到社会结构的影响，在不平等的社会结构中，弱势群体的痛苦激发的同情和关切是比较微弱、短暂和偶然的。其一，弱势群体的痛苦面临着公众"同情疲劳"的问题。桑塔格曾说，"照片创造了多少同情，也就使多少同情萎缩。"[1] 与此同理，媒体创造了多少同情，也就有可能使得多少同情萎缩。一旦媒体赋予某些类型的痛苦以更多的可见性，就有可能同时造成公众的"同情疲劳"，最终导致只有更剧烈的痛苦才能获得媒体和公众的关注。目前来看，较之以前，现在弱势群体获得的公共同情更为微弱。其二，与中产阶级和上层阶级相比，由于弱势群体缺乏自我表达能力和资源，因此，他们的痛苦难以

---

1 Sontag, S., *Regarding The Pain of Others*, New York: Farrar, Straus and Giroux, 2003, p.105.

长久地留在公共空间，难以被感受到，更依赖于媒体和知识精英的发现。但社会排斥和社会不平等的存在，不同阶层之间处于隔膜甚至"断裂"的状态，导致媒体和知识精英对弱势群体的发现有着诸多偶然的因素，并难以对底层保持持续的关注和持久的同情感。因此，在权力不平等的社会，一些边缘群体的情感体验难以进入公共空间，影响了公众对这一群体的认知和理解。克劳斯也看到，"作为政治秩序之函数的权力不平衡扩大了人们之间所感知到的距离与差异，并可能破坏同情的运作。"[1]

除了社会结构层面的因素会造成同情的"偏见"，同情疲劳的现象也是一种同情的局限。"同情疲劳"（compassion fatigue）是一个重要的心理学概念。20 世纪 90 年代初期，美国作者、历史学家卡拉·乔伊森（Joinson，C.）发现，医疗机构里的护士群体会陷入无助、冷漠等情感状态，这是因为护士每天都目睹大量不幸的病人，就会产生同情疲劳。同情疲劳并不仅仅存在于护士群体中，任何人重复性地观看某种类型的不幸，都可能产生同情疲劳。这会造成如下后果：相似的痛苦如果反复出现在公共空间，会越来越难吸引公众的关注；痛苦不断升级，才可能长久地获得人们的注意力。媒体对灾难事件的报道并不意味着能产生良好的效果。不少研究指出了"同情疲劳"的问题。新闻传播学研究的"同情疲劳"指的是公众被媒

---

1 莎伦·R.克劳斯:《公民的激情》,谭安奎译,南京:译林出版社,2015 年,第 4 页。

体关于他人痛苦的报道淹没，导致注意力短暂以及对新闻的厌倦。[1] 虽然说"痛苦"是人与人之间的心灵纽带[2]，但由于"同情疲劳"的存在，这种纽带并不牢固。

尽力克服同情的局限，增进人类的团结，需要社会的努力。社会需要给予更多群体公开表达情感体验的能力，以促进群体之间的相互理解。我们也需要更多的形式去描述、去讲述、去传播人们的生活和情感。美国哲学家理查德·罗蒂（Rorty，R.）说：

> 人类团结乃是大家努力达到的目标，而且达到这个目标的方式，不是透过研究探讨，而是透过想象力，把陌生人想象为和我们处境类似、休戚与共的人。团结不是反省所发现到的，而是创造出来的。如果我们对其他不熟悉的人所承受的痛苦和侮辱的详细原委，能够提升感应相通的敏感度，那么，我们便可以创造出团结。一旦我们提升了这种敏感度，我们就很难把他人加以边陲化，因为我们不会再认为"他们的感觉和我们的不同"或"既然苦难必然存在，为何不让他们受苦"。

那么，如何提升对他人痛苦的敏感度？罗蒂认为，"逐渐把

1　Moeller, S. D., *Compassion Fatigue*：*How The Media Sell Disease*，*Famine*，*War and Death*，New York：Routledge，1999，p. 2.

2　袁剑：《中国的"痛苦"与西方的"被痛苦"：两部作品勾起的记忆》，《中国图书评论》2011 年第 11 期，第 58—62 页。

别人视为'我们之一'，而不是'他们'，这个过程其实就是详细描述陌生人和重新描述我们自己的过程。承担这项任务的，不是理论，而是民俗学、记者的报道、漫画书、纪录片，尤其是小说。狄更斯、施赖纳或赖特等作家的小说，把我们向来没有注意到的人们所受的各种苦难，巨细靡遗地呈现在我们眼前"。[1]

四、 全球同情的空间结构

一个女童饿得奄奄一息，身后不远处是一只虎视眈眈、等待猎食的兀鹰——这是照片《饥饿的苏丹》定格的场景。这幅由摄影记者卡特拍摄的照片曾经获得普利策新闻奖。照片背景是 1993 年处于大饥荒中的苏丹。它经过媒介的传播，把遥远的他国苦难带到世界各国人们面前，引起震惊、同情并促发行动。这幅图片已经成为建构"全球同情"的经典图片。媒介促使我们了解遥远地区的经历，为遥远的灾难哀悼，邀请我们变成"世界公民"（cosmopolitans）。[2] 通过对"他人"苦难的观看，我们建构着与"他人"的关系——想象的、情感的、道德上的乃至行动上的关系。正如西尔弗斯通（Silverstone，R.）所指出的，与他人既存在距离又同时在场，从根本上挑战了被

---

1 理查德·罗蒂:《偶然、反讽与团结》，徐文瑞译，北京:商务印书馆，2003 年，导论第 7 页。

2 Lindell, J., *Cosmopolitanism in A Mediatized World*: *The Social Stratification of Global Orientations*, Dissertation. Karlstad University Studies, 2014.

认为是伦理生活前提的邻近关系。[1]

　　"远处的苦难"及其引发的"全球同情"已经成为重要议题。[2] 这一议题的产生主要与"全球化"的发展有关。在经济、传播技术等促发的全球化背景下，"我们"与"他人"的连接更为紧密，吉登斯认为，全球化使得我们能够接触到那些思想和生活背景都不同的人。[3] 原本遥远的"陌生人"正在以各种方式进入"我们"的世界，促使人们开始思考"我们"与"他们"的关系以及"我们"在世界上的位置。"我们"是否拥有与"他人"道德上的关系？如果有，又是何种关系？"我们"是否应该像对待本国国民一样同情他国人民？我们是否有义务援助遥远地区的人们？这些都是"远处的苦难"和"全球同情"两个研究领域所关注的议题。

　　全球同情也是社会文化建构的，受到诸多因素的塑造，其

1　Silverstone，R.，*Media and Morality：On the Rise of the Mediapolis*，Cambridge：Polity Press，2006.

2　1985 年 7 月在英美举办的 Live Aid 演唱会，也是"远处的苦难"引发全球同情的经典案例。1980 年代，非洲国家埃塞俄比亚由于天灾人祸，遭遇人道主义灾难，无数的人挣扎在死亡边缘，1985 年 7 月 13 日，一百多位摇滚明星和乐队聚在一起，为拯救非洲难民，举行了一场二十亿人观看的义演，被称为"地球上最伟大的一场演出"，罗大佑这样评价这一演出："那是计算机与数字音乐正在萌芽、即将在几年之内席卷全球的八〇年代中期。欧美超级大咖的音乐将人们集结在一起，为非洲因干旱、饥荒与内战而濒死的几十万人类同胞，发出最发人深省的歌手与嘶吼：'站在如此绚烂、光华四射的舞台上表演的音乐人呀！如果我们无视同样站在地球上的另一个国度的人们，正在因饥荒而不断死去，这样的人类音乐文明，似乎真的缺乏了某些对于生命终极价值的关爱'。"(8 字路口，2021)

3　Ramzy，R. I.，*Communicating Cosmopolitanism：An Analysis of the Rhetoric of Jimmy Carter，Vaclav Havel，and Edward Said*，Dissertation，Georgia State University，2006，p. 12.

中最为重要的是"国家"的边界，以及由此而来的不同国家的关系。人们往往同情本国国民更胜过他国国民，国家之间的"恩怨"也影响着人们的同情心。在全球交往日渐频繁的时代，人们的"国家"观念变得复杂，影响了对他国灾难的同情。接下来本节将具体分析"国家"观念对全球同情的影响。

世界主义和民族主义是全球化时代下理解"国家"以及国家之间关系的两种主要思潮。从抽象的道德理想到实实在在的现实体验，"世界主义"理念正在引发越来越多的关注。与此同时，被认为与世界主义相对立的另一种观念——民族主义，也在全球化的过程中被强化。两者并非此消彼长，而是相伴发展，"至少两百年以来，民族主义已经成为主要的政治力量"，与此同时，世界公民的话语也越来越凸显。[1] 全球化构成两种理念发展的共同背景。不同民族、观念和文化之间的交往日益频繁，使得个体不断地面对表面上相互冲突的一系列概念[2]，其中，世界主义和民族主义是现代社会的人们必然要面对的"冲突"。民族主义与世界主义可以被视为国际政治中两个相对立的趋势，它们也代表着相反的价值和政治责任。[3]

世界主义和民族主义，都是棘手的概念，都包含复杂的面

---

1 Carter，A.，"Nationalism and global citizenship，"*Australian Journal of Politics & History*，1997，43（1）：67.

2 Ramzy，R. I.，*Communicating Cosmopolitanism：An Analysis of the Rhetoric of Jimmy Carter，Vaclav Havel，and Edward Said*，Dissertation，Georgia State University，2006，p.5.

3 Carter，A.，"Nationalism and Global Citizenship，"*Australian Journal of Politics & History*，1997，43（1）：67.

向。本书目的并不是考察这两个概念的复杂面向，而是基于考察的主题，在道德关系的维度上理解世界主义和民族主义。在这一维度中，"世界主义"与不断增加的全球流动有关。全球流动导致现代主体面临全球与本地之间的紧张关系，创造了一个新的现代认同类型，即"世界公民"，更加开放、宽容和灵活。[1] 拉姆济（Ramzy，R. I.）认为，世界主义聚焦于人们认为自己是"世界公民"的那种连接（connections），反对对本土社群和环境的排他的依恋（exclusive attachment），强调对作为一个整体的人类的忠诚。[2]

这种"世界主义"是一种无法实现的乌托邦，因为它的假设不现实，且具有一种无根据的乐观主义，掩盖甚至否定了生活的"给定"：父母、祖先、家庭、种族、宗教、历史、文化、传统、民族等，是一个危险的幻象。[3] 持民族主义观念的人对世界主义的理念更是不满，作为与世界主义相对的一极，民族主义假定道德、价值和权利都是与国体联系在一起的。[4] 亦言之，不存在超越国家的道德、价值和权利。

---

1 Ramzy，R. I.，*Communicating Cosmopolitanism：An Analysis of the Rhetoric of Jimmy Carter*，*Vaclav Havel*，*and Edward Said*，Dissertation，Georgia State University，2006，p. 1.

2 Ibid.，pp. 1 - 3.

3 Himmelfarb，G. "The Illusions of Cosmopolitanism," in Nussbaum，M. C.，et. al.（Cohen，J.，ed.）*For Love of Country*？Boston：Beacon Press，2002，p. 76 - 77.

4 Ramzy，R. I.，*Communicating Cosmopolitanism：An Analysis of the Rhetoric of Jimmy Carter*，*Vaclav Havel*，*and Edward Said*，Dissertation，Georgia State University，2006，p. 4.

从道德关系的维度来看，世界主义和民族主义都涉及道德与国家的关联。人们一般承认本国国民之间相互拥有道德义务，但在与他国国民之间是否也有道德义务这一问题上，世界主义与民族主义产生了分歧。民族主义认为，价值观念嵌入在特定的共同体和文化中，与此相反，世界主义则认同普适的价值和对所有人类潜在的义务。[1] 两者也有相同之处，都可以被视为衡量"我们"与"他们"的道德关系以及"我们"在世界上位置的观念。

将世界主义与民族主义对立起来处理，尽管方便，但难免过于简化，并且这种对立关系是否成立也引起了一些学者的怀疑。卡特（Carter，A.）认为，尽管乍看起来民族主义与世界公民之间有冲突，但对特定国家的政治承诺和公民身份的理想之间是否必然有冲突，这一点依然不清楚。[2] 关于两者关系的哲学抽象并不能看到两者之间动态的互动过程，拉姆济指出目前关于世界主义和民族主义的主导观念都没能够说明一些重要的和内在的复杂性，两种观念都倾向于描述一个静止的模式。[3]

事实上，世界主义和民族主义既可以相互竞争、冲突，也可以相互建构。基里亚基杜（Kyriakidou，M.）认为世界主义

1　Carter，A.，"Nationalism and Global Citizenship," *Australian Journal of Politics & History*，1997，43(1)：67.

2　Carter，A.，"Nationalism and Global Citizenship," *Australian Journal of Politics & History*，1997，43(1)：67.

3　Ramzy，R. I.，*Communicating Cosmopolitanism：An Analysis of the Rhetoric of Jimmy Carter，Vaclav Havel，and Edward Said*，Dissertation，Georgia State University，2006，p.5.

和民族主义指涉理解世界以及个体在世界中位置的特定方式。[1]
两个概念是竞争的、交替的（alternative）的讨论框架[2]，若
把它们视为"话语"，它们就构成了意义建构的过程。[3] 世界主
义与民族主义并不是并列的，世界主义经常是通过"国家"被
架构（framed）的。[4] 在基里亚基杜的基础上，我把两个概念
界定为"谈论世界、个体在世界中位置，以及'我们'与'他
们'之道德关系的特定方式和讨论框架"，亦即两者都是关于
"我们"以什么方式来想象与"他们"的关系。这一意义上的
世界主义关注的是媒介化、全球化时代的道德认同（moral identity）[5]，在马蒂亚诺（Madianou，M. M.）看来，认同应
该被理解为一种关系，关乎"我们"与其他人的边界划定。[6]
世界主义和民族主义都是关于"我们"与其他人的边界划定。
人们对"我们—他们"边界的划定，塑造着全球同情。

　　全球同情的形成离不开发达的媒介，它在"远处的苦难"

1　Kyriakidou，M.，"Imagining Ourselves Beyond the Nation? Exploring Cosmopolitanism in Relation to Media Coverage of Distant Suffering," *Studies in Ethnicity and Nationalism*，2009，9(3)：487.

2　Ibid.

3　Macdonald，M.，*Exploring Media Discourse*，London：Arnold，2003，p.1.

4　Kyriakidou，M.，"Imagining Ourselves Beyond the Nation? Exploring Cosmopolitanism in Relation to Media Coverage of Distant Suffering," *Studies in Ethnicity and Nationalism*，2009，9(3)：481 - 496.

5　Ong，J. C.，"The Cosmopolitan Continuum：Locating Cosmopolitanism in Media and Cultural Studies," *Media*，*Culture & Society*，2009，31(3)：449 - 466.

6　Madianou，M. M.，*Mediating The Nation：News*，*Audiences and Identities in Contemporary Greece*，PhD thesis，The London School of Economics and Political Science (LSE)，2002，p.45.

和"我们"之间建立了关联。远处苦难的"媒介化"是指这样
一个过程：各种话语资源，也就是语言和图像，生产关于"苦
难"的意义，并且建议公众参与到远方的苦难中，这种建议可
以包括一个广泛的伦理位置，从责任和关怀到漠不关心。[1] 我
们对于远处苦难的回应也仍然是通过媒介的图像和话语。[2] 这
也意味着媒介对于苦难的意义并不仅仅在于"连接"的方式，
还在于"连接"的内容，即媒介对苦难的呈现。乔利亚拉基
（Chouliaraki，L.）指出，媒介不仅把遥远的痛苦暴露在受众
面前，还影响他们的感受、思考和行为。[3] 乔伊（Joye，S.）
的研究发现，媒介在报道不同国家的灾难时呈现出一种等级
制，西方国家的苦难常常被描绘为与受众接近的，受众会认为
受害者和他们相似。而将印度尼西亚灾难的受害者描绘为"他
者"，阻碍受众对灾难的参与。西方的新闻媒体再生产了一种
全球的等级制。[4]

新媒介技术在灾难传播和全球同情的建构中发挥着不可忽
视的作用。有学者认为，互联网使普通人也可以表达情感以促

---

1 Chouliaraki，L.，"The Mediation of Suffering and The Vision of A Cosmopolitan Public，" *Television & New Media*，2008，9(5)，p.371.

2 Pantti，M. & Tikka，M.，"Cosmopolitan Empathy and User-generated Disaster Appeal Videos on YouTube," Benski，T. & Fisher，E.（eds.），*Internet and E-motion*，Routledge，2014，p.178.

3 Chouliaraki，L.，"The Mediation of Suffering and The Vision of A Cosmopolitan Public，" *Television & New Media*，2008，9(5)，p.372.

4 Joye，S.，"The Hierarchy of Global Suffering：A Critical Discourse Analysis of Television News Reporting on Foreign Natural Disasters，" *Journal of International Communication*，2009，15(2)：45 - 61.

进人道主义的行动，显而易见的是，新媒介能够加强情感的全球化。在过去，国家关于灾难的叙事严格限制了对公民"同情"的培养，而新媒介使公众有机会挑战"国家"作为终极的道德共同体以及它在公共情感上的垄断地位。[1] 但新媒介尽管有可能超越国家的界限，形成与"国家"不同的灾难叙事以及同情感，但这只是一种可能性。互联网中的"同情"可能与"国家"之间有着更复杂的关系。事实上，在关于"远处的苦难"的讨论中，对于媒介化的苦难能否促进世界主义也有不同的认知。

一些学者持有乐观的观点，认为这可能促进世界主义。贝克（Beck，U.）认为，媒介化的世界事件创造了一种意识：远处的陌生人和"我们"一样持续关注着同样的事件，有着同样的恐惧和担忧。"陌生人成了邻居！"[2] 乔利亚拉基反对这种乐观的态度，她认为，媒介对远处苦难的呈现会直接促进世界主义这一观点有些乐观，甚至一厢情愿。[3] 更多的学者则指出观众在观看远处苦难之后的"同情疲劳"的问题。各种因素都可能使得对他者苦难的世界主义式的承诺变得脆弱不堪。

媒介让中国社会不断接触到远处苦难的信息。有两个案例

---

1 Pantti, M. & Tikka, M., "Cosmopolitan Empathy and User-generated Disaster Appeal videos on YouTube," Benski, T. & Fisher, E. (eds.), *Internet and E-motion*, Routledge, 2014, p.179.

2 Lindell, J., *Cosmopolitanism in A Mediatized World: The Social Stratification of Global Orientations*, Dissertation. Karlstad University Studies, 2014, p.53.

3 Chouliaraki, L., "The Mediation of Suffering and The Vision of A Cosmopolitan Public," *Television & New Media*, 2008, 9(5), p.374.

比较典型。一是日本大地震事件。2011 年 3 月 11 日，日本当地时间 14 时，东北部海域发生了里氏 9.0 级地震。地震引发了海啸及核泄漏。事件发生之后，经由媒介传播，在中国引发较多的舆论关注，围绕着"是否应该同情日本"也产生了较大争议。中国当时一些重要的网络论坛，如天涯、知乎、凯迪社区、新浪博客、微博等，都有对此议题的热烈讨论，成为观察中国民族情绪与网民同情的代表性案例。二是叙利亚难民事件。2015 年，3 岁的叙利亚幼童艾兰溺亡在偷渡途中，尸体被海浪冲上土耳其的沙滩，这一事件经由媒体报道震惊了世界，激发了人们对难民问题的讨论。事实上，难民问题并非现在才有，20 世纪以来难民问题逐渐成为重要的世界议题。2015 年叙利亚内战爆发导致的难民问题引发联合国以及世界各国的更多关注。在媒介化时代，叙利亚难民事件变成全球性的公共议题。在中国，知乎、天涯社区、新浪微博等网络论坛上的网民们对此事件给予了极大关注。

在这两个案例中，"普遍人类"的话语构成了中国网民表达同情的主要框架。这一话语偏向一种道德意义上的"世界公民"身份，但它并未取代"国家"的身份框架——"世界公民"的话语与"国家"话语以多种方式纠缠在一起。媒介化的他国苦难既有可能促成全球同情话语的产生，塑造一种超越国家的"我们"与"他者"之关系，也有可能形成以"国家"为基础的拒绝同情的话语。论坛中也有不少话语拒绝同情日本地震和叙利亚难民事件，在拒绝"同情"的话语中，"国家"的作用显然更为明显：以"国家"为基础的历史记忆、将苦难"政治化"、将他国人民"非人化"等都是中国网民拒绝"同情"话语的构成要素。

通过以上讨论可以发现，"远处的苦难"经由电子媒介展现在"我们"面前，"我们"与"他者"的道德关系开始形成，这改变了想象两者关系的方式。在网民"观看"他国苦难的时候，无论是表达同情还是拒绝同情，"国家"都扮演着重要的角色，甚至可以说构成了对他国苦难想象的基础。当然，这并不是说"国家"没有受到任何挑战，在"远处的苦难"议题中，"普遍人类"的话语就构成了与"国家"的竞争。媒介化的他国苦难不一定会形成"世界主义"，也不一定会强化"国家"的认同，而是呈现出多元的、动态的特征，有多种可能性。第一，"国家"与世界主义并列出现，相互促进。第二，"国家"的认同被强化。第三，"国家"的认同被弱化，"普遍人类"成为人们想象"我们"与"他们"之道德关系的另一种方式。

在全球化的时代，同情的空间结构也更为复杂。以"远处的苦难"为例，中国网民形成了多种层次（layers）的同情空间结构。本国与他国、不同的他国之间，都有不同层次的同情。比如，一般认为相对于其他国家的人民，自己的同胞应该会优先得到同情。人们对不同国家的灾难，有不同程度的同情。本书只选择了两个案例，无法呈现全球同情更丰富的层次性和空间结构。

不同层次的同情之间可以"携手并进"，对本国的同情并不必然导致拒绝对他国的同情，但不同层次之间亦可能有先后顺序的冲突，比如有网民认为，连自己国家的人都不同情，同情其他国家的人是不道德的。"同情的层次"这一概念对理解全球化时代的世界主义、民族主义的观念具有一定的意义，可以帮助我们看到在日益全球化的时代人们道德身份的层次性、等级制和复杂性，以及同情的空间结构中的各种紧张关系。

基于以上分析，全球同情并不是简单地促进世界主义或者强化国家身份认同，而是在这种二元的范畴之间，实现了国家认同的动态协商和动态重构。在人们"观看"他国苦难的过程中，"国家"的位置并不是静态的，而是动态调整的，"国家"在网民的反思中以多种方式被确认，从民族主义到世界主义的光谱中，都可以找到"国家"的位置。

第四章

"众怒"的年代

新媒介与愤怒的政治

愤怒的葡萄填充着人们的灵魂，变得越来越沉重，等待着收获和酿造。

——约翰·斯坦贝克

一、 政治中的愤怒

出生于 2003 年的格蕾塔·通贝里（Thunberg，G.）是瑞典的青年活动家，因其对环境保护的倡导而被媒体广泛报道，曾获评美国《时代》周刊 2019 年度人物。自 2018 年开始，格蕾塔频繁地出现在各类媒体和论坛上，向公众进行呼吁，传播其激进的环保观念。"愤怒"是格蕾塔在媒体上惯常的形象，她表达愤怒的照片也在社交媒体上被广泛传播。格蕾塔的愤怒表情既是自我的情绪表达，也带有情感表演的意味，唤起了大众对她和环境保护的关注。

另一位经常以愤怒形象出现在媒体上的著名人物是美国前总统特朗普。在 2017 年到 2021 年出任美国第 45 任总统期间，他的许多政策都引发了世界范围内的广泛争议。特朗普的表达有些肆无忌惮，充满了个人情绪。在情感形象上，他并不符合人们对美国总统形象的传统认知。如果对其在大众媒体和社交媒体上的形象进行分析就可以发现，特朗普频繁地展示出愤怒的形象。有研究分析了特朗普的推文，发现"在研究统计的300 条推文中，带有明显愤怒情感的推文共有 87 条，占比29%"[1]。事实上，正是选民的愤怒情绪助推了特朗普的当选："特朗普的支持者主要是教育程度及收入都较低的美国白人男性，其中南部白人占多数；桑德斯的支持者主要是美国北部和

---

[1] 周倩嘉：《特朗普在政治中的"愤怒"表达——基于对特朗普"推特"的分析》，南京大学毕业论文，2019 年。

中部的白人，其中年轻选民较多"，特朗普的选民"大多经济贫困或者面临经济压力，属于社会的中下层，他们对当前美国社会存在的各种危机充满焦虑，对建制派政治领导人应对危机不力充满了愤怒"。[1] 霍赫希尔德（霍克希尔德）在《故土的陌生人》一书中分析了美国保守派因为地位下降等因素而产生的愤怒如何推动他们在 2016 年的大选中投票给特朗普。[2]

在当前的世界政治现象中，愤怒随处可见：世界各地抗议的人们、义愤填膺的民族主义者、网络中充满愤懑的网民、愤怒的美国中下层白人群体，这些都表明愤怒已经成为当代政治生活的常态，也成为理解各种政治问题的关键词。后殖民主义作家潘卡杰·米什拉（Mishra，P.）甚至认为，我们可能正在目睹一个"愤怒时代"的崛起。[3]

在政治生活中，愤怒往往不是正面形象，而是被视为一种负面情感，一种需要抑制的破坏性力量，它能够危及社会秩序并导致暴力。愤怒的抗议经常被自由主义者贬低为情绪的失控。[4] 理性的个体应该能够控制自己的情绪，而不是任由情绪泛滥。此种观念可以追溯到 18 世纪西方浪漫主义的话语，那

---

1 唐慧云：《中下层白人的愤怒：特朗普现象的社会根源》，《世界知识》2016 年第 8 期，第 52—53 页。

2 参见阿莉·拉塞尔·霍赫希尔德《故土的陌生人：美国保守派的愤怒与哀痛》，夏凡译，北京：社会科学文献出版社，2020 年。

3 Mishra, P., *Age of Anger：A History of the Present*, London：Macmillan, 2017.

4 Lyman, P., "The Domestication of Anger：the Use and Abuse of Anger in Politics," *European Journal of Social Theory*, 2004, 7(2)：133-147.

时激情被认为是理性化的对应物[1]，理性的主导地位能够淹没对于愤怒的煽动。[2] 也有学者认为，在基督教道德中，愤怒就被视为危害因素，"在基督教启发的道德中（希腊罗马伦理传统的某些部分也是如此），愤怒往往被视为对我们共同人性的承认和实现的最大威胁之一"[3]。

然而，基于本书第一章对情感的理解，我们反对将愤怒简单地认定为破坏性情感，因为这会阻碍详细分析它与政治之间的关系。人们通常认为，愤怒主要存在于边缘群体或者社会弱势群体身上，存在于社会冲突之类的事件中。但事实并非如此，愤怒其实是政治生活中的普遍现象。在欧斯特（Ost，D.）看来，"抱怨与不满是历史景观中一个相当持久和反复出现的特征。"[4] 愤怒与许多政治学的核心问题相关，比如公平、正义、反抗、革命等。对于愤怒的研究有助于理解政治问题。[5] 基于愤怒的价值，学界主张重新审视愤怒在政治中的意义，反对仅

1　Holmes，M.，"Feeling Beyond Rules：Politicizing the Sociology of Emotion and Anger in Feminist Politics，" *European Journal of Social Theory*，2004，7（2）：209 – 227.

2　Ibid.

3　Muldoon，P.，"The Moral Legitimacy of Anger，" *European Journal of Social Theory*，2008，11（3）：299.

4　Ost，D.，"Politics as the Mobilization of Anger：Emotions in Movements and in Power，" *European Journal of Social Theory*，2004，7（2）：229 – 244.

5　Holmes，M.，"Feeling Beyond Rules：Politicizing the Sociology of Emotion and Anger in Feminist Politics，" *European Journal of Social Theory*，2004，7（2）：209 – 227.

仅将其视为政治生活中的一种破坏性情绪[1]，认为"合理愤怒"
（即"可控的"和"同情的"愤怒）有助于争取社会公正。[2]

愤怒的价值得到越来越多的承认，一个重要原因在于愤怒
与认知之间的关系，即愤怒背后有认知的因素。在对愤怒的传
统理解和想象中，愤怒经常与非理性、"冲昏了头脑"等话语
联系在一起。但新的研究开始看到愤怒背后的认知因素。罗伯
特·所罗门认为，与其他情感一样，愤怒是一种蕴含丰富认知
和价值的现象，不仅是一种短暂状态，且是一个复杂过程，必
然涉及感觉、判断以及生理。[3] 玛莎·努斯鲍姆也认为，人们
要相信以下事实才能够产生愤怒：（1）我或某物或某个亲近的
人受到了伤害；（2）伤害并非微不足道，而是重大的；（3）伤
害由某人造成；（4）伤害是故意的；（5）惩罚实施伤害的人是
一件好事。[4]

基于对愤怒与认知关系的新理解，我们不能把愤怒简单地
理解为应该被控制的、非理性的情绪反应，而需要认真探讨愤
怒背后的认知和判断，以及愤怒提供的行动动力。只有把愤怒

1 Wahl-Jorgensen，K.，"Media Coverage of Shifting Emotional Regimes：Donald Trump's Angry Populism，" *Media，Culture & Society*. 2018，Crosscurrents Special Section：Media and the Populist Moment，pp. 1 - 13.

2 Linklater，A.，"Anger and World Politics：How Collective Emotions Shift Over Time，" *International Theory*，2014，6(3)：574 - 578.

3 Solomon，R. C.，*True to Our Feelings：What Our Emotions Are Really Telling Us*，New York：Oxford University Press，2007，p.16.

4 Swaine，L. A.，"Blameless，Constructive，and Political Anger，" *Journal for the Theory of Social Behavior*，1996，26(3)：257 - 274.

视为一种严肃交流，而不是一种心理障碍或不文明行为，才可能就政治秩序的正义进行一场生气勃勃且具有建设性的公开对话。[1] 认真对待愤怒这种情感，有助于倾听那些被忽视的意见，减少社会痛苦，丰富政治对话，提高政治纠正不公正的能力。[2] 本书将关注愤怒政治的形成以及新媒介对愤怒政治的影响。我们并不是简单地赋予愤怒以合理的价值，而是希望借此探讨公共讨论、愤怒与公平正义的观念、愤怒的政治后果等问题。

在进入具体讨论之前，本书需要交代研究的路径。霍姆斯（Holmes，M.）认为探讨情感与社会关系，大致有三种路径，即结构路径、述行路径和互动路径。[3] 结构路径（structural approaches）认为社会关系生产和组织情感（organize emotions），关注社会结构对于情感的影响。如果以这一路径讨论愤怒，就会关注现代社会的哪些因素推动了愤怒情绪的产生和全球流行。与结构路径不同，述行路径（a performative approach）认为情感生产社会关系，同时也被社会关系生产。述行路径探讨愤怒，就会关注特定的社会互动如何催生了愤怒的形成，愤怒如何影响了人们的社会互动。述行路径与霍克希尔德的互动路径也有所区别。互动路径认为行动者会表达出与社

1　Lyman，P.，"The Domestication of Anger：the Use and Abuse of Anger in Politics，" *European Journal of Social Theory*，2004，7(2)：133 - 147.

2　Ibid.

3　Holmes，M.，"Feeling Beyond Rules：Politicizing the Sociology of Emotion and Anger in Feminist Politics，" *European Journal of Social Theory*，2004，7(2)：209 - 227.

会规则一致的情感[1]，它会关注社会规则如何制约人们的愤怒表达。本书在此简要评述这三种路径。

结构路径关注社会结构对于情感的塑造，但忽视了情感在社会结构和社会秩序形成中的价值，也忽视了行动者的作用。以愤怒为例，它在当代社会的流行与当代的政治观念、社会结构变迁、新传播技术的兴起紧密相关，结构路径可以对此作出精彩的解释。结构路径对行动者的丰富实践缺乏关注，但在愤怒文化的影响下，人们会有丰富的行动和实践，比如管理愤怒、走向公开的反抗、采用"弱者的武器"实施隐蔽的抗争、借助舆论表达愤怒等。霍克希尔德的互动路径虽然关注行动者，但这里的行动者受到情感规则的强大影响，缺乏能动性，从本质上来说，这一路径还是强调情感规则、社会规则的作用。与结构和互动路径相比，述行路径关注情感与社会关系的相互生产，对情感与社会的关系更具解释力。愤怒被认为具有述行性，类似于奥斯汀所说的言语行为，因为它意味着你重新定位了自己与他人的关系。[2] 本书讨论愤怒主要采用述行的研究路径，探讨愤怒的生产、流通及其可能导致的政治后果。

这一章将尝试回答如下问题：（一）新媒介如何改变人们表达愤怒的方式？为什么在新媒介空间中会形成愤怒的舆论文

1　Holmes，M.，"Feeling Beyond Rules：Politicizing the Sociology of Emotion and Anger in Feminist Politics，" *European Journal of Social Theory*，2004，7（2）：209 - 227.

2　Ibid.

化？在网络上经常能看到愤怒的网民出现在许多公共事件中，这是人们对愤怒文化直接印象的来源。那么，为什么新媒介更容易催生愤怒的文化，这值得探讨。（二）新媒介空间中的愤怒表达反映了什么样的对于公平正义的认知与道德语法？政治中的愤怒源于人们的公平正义观念，我们将具体讨论在不同的新媒体事件中，愤怒的表达反映了人们哪些公平正义的认知。（三）不同主体如何围绕愤怒的表达进行互动？人们通过愤怒的表达形成了怎样的社会关系？愤怒的表达有何政治后果？本章将采用实践的理论视角和述行的路径探讨这些问题，把愤怒视为行动者介入世界、生产关系、创造意义的一种方式，愤怒既受到现有权力结构的影响，也影响了人们的社会交往，重塑着不同主体的权力关系。

二、 新媒介与愤怒表达的情感规则

前文提到，情感是一个含义复杂的概念，学者对它的理解和界定有一些差异，在西方的相关研究中，"感情（affect）、情操（sentiment）、感受（feeling）、心境（mood）、表情（expressiveness）和情感（emotion）等这些术语经常交错使用，来描述某种具体的感情性状态"。[1] 不过，特纳也指出，虽然不同的研究者对于这些情感的称呼有所不同，但都赞同愤怒、恐

---

[1] 乔纳森·H.特纳：《人类情感：社会学的理论》，孙俊才、文军译，北京：东方出版社，2009年，第1—2页。

惧、悲伤、高兴是四种基本情感。[1] 作为基本情感之一，愤怒在人类生活中的意义显著。

依据情感的社会文化建构论，情感是由社会建构的，情感的表达和流动与社会权力相关。社会权力通过情感规则（feeling rules）影响和管理人们的情感表达。[2] 围绕愤怒的表达，一个社会也形成了控制和动员愤怒表达的各种规则，它们界定了谁有权表达愤怒、对谁表达愤怒以及在什么情况下才可以或者应该表达愤怒。愤怒被认为是统治者的资源，是权力的标志。[3] 统治者的愤怒言论被认为是有力量的和权威的，而边缘群体的愤怒，往好里说常常被贴上不礼貌或者粗鲁的标签，往坏里说则是犯罪和暴力的。[4] 情感规则这一概念有益于研究愤怒的公共表达及变迁，因为它洞察了愤怒与权力之间的关系。

愤怒与权力密不可分，因此，对愤怒的分析需要嵌入特定的权力关系中，考察愤怒对不同主体权力关系的影响。霍姆斯指出，"只有通过对根植于特定权力关系中的愤怒的分析，才能有效地探究政治的愤怒和愤怒的政治。"[5] 无论是愤怒的表达还

1　乔纳森·H.特纳:《人类情感:社会学的理论》,孙俊才、文军译,北京:东方出版社,2009 年,第 3 页。

2　Hochshichd, A. R., *The Managed Heart: the Commercialization of Human Feeling*, Berkeley & Los Angeles, California: University of California Press, 1983.

3　Lyman, P., "The Domestication of Anger: the Use and Abuse of Anger in Politics," *European Journal of Social Theory*, 2004, 7(2): 133-147.

4　Ibid.

5　Holmes, M., "The Importance of Being Angry: Anger in Political Life," *European Journal of social theory*, 2004, 7(2): 123-132.

是对于愤怒的压制都体现了权力的运作。权力也影响着情感的流动，弗拉姆（Flam，H.）认为，情感的流动方向与社会等级相关，积极的情感向上流动，负面的情感向下流动。[1] 例如，在日常生活中，正面情感的表达（比如表达微笑、赞美）多是由较低等级向较高等级做出，负面的情感（比如愤怒）却经常由社会的较高等级对较低等级表达。虽然在政治中，愤怒的流动也常常针对政治权威，不满的人们通过愤怒的表达挑战政治权威，"愤怒会扰乱社会互动，并可能威胁到当前的权力关系"。[2] 但这只是针对愤怒表达的对象，并不意味着愤怒表达的权力关系。在现实社会中，一般来说，社会等级较高的群体还有着更多的公开表达愤怒的权力。

这种权力关系在互联网时代发生了改变。媒介对于愤怒文化的塑造具有重要的意义。传播技术影响着人们对于情感的理解以及对于感受的表达。[3] 新媒介促进了愤怒文化的形成。在传统媒体时代，公众的愤怒难以在公共空间中得到表达，即使被公开表达，也会受到政治规则和社会规则的强大制约，并且只能集中在具体的物理空间，难以传染情绪，形成较大规模的

---

1 Flam，H.，"Anger in Repressive Regimes: A Footnote to Domination and the Arts of Resistance by James Scott," *European Journal of Social Theory*，2004，7（2）：171 - 188.

2 Holmes，M.，"Feeling Beyond Rules: Politicizing the Sociology of Emotion and Anger in Feminist Politics," *European Journal of social theory*，2004，7（2）：209 - 227.

3 Malin，B. J.，*Feeling Mediated: A History of Media Technology and Emotion in America*，New York: New York University Press，2014，p.2.

集体情感。国家也可以较为容易地管理公众的情感，抑制愤怒表达。现代社会的情感规范也并不支持甚至抑制愤怒的公开表达，因为它可能加剧导致暴力的冒险行为。[1] 新媒介改变了愤怒表达的情感规则。经由网络的连接和网民的彼此呼应，个体的愤怒表达被转变为集体的愤怒。国家和精英对于愤怒的管理在新媒介时代也变得困难，这些都促进了公共舆论中愤怒文化的形成。具体来说，以移动互联网为代表的新媒介技术对愤怒的表达具有以下意义：

（一）新媒介技术塑造着人们的情感体验。情感源于我们对外在世界的感知。媒介是人们感知世界的重要渠道，它扩大了人们感知的范围——从周围亲身经历的世界到借助符号、语言想象的世界。不同类型的媒介通过影响我们的感知进而影响情感体验。传统媒体时代，人们对外在世界的感知主要借助媒体——它们通过自身的框架塑造着社会的公共情感。职业新闻人扮演着把关人的角色，以其职业伦理、政治和商业考量决定报道哪些新闻、使用哪些框架，这直接影响了公众情感体验的形成和流通。个体的情感难以直接进入媒体的话语中。个体之间也缺少连接，难以形成集体性的情感体验。

但在新媒介时代，情况就不同了。它将无数的个体连接起来，赋予个体话语进入公共空间的渠道，"社交媒体的互联性帮助激活了公众之间的纽带，也使表达和信息共享成为可能，从

---

1 Linklater, A., "Anger and World Politics: How Collective Emotions Shift Over Time," *International Theory*, 2014, 6(3): 574-578.

而解放了个人和集体的想象力"[1]。无数的个体通过彼此分享、互动和想象，形成关于事件或世界的叙事，进而建构他们对于世界的感知。这是新媒介时代情感形成的逻辑。新媒介形成了新的叙述事件（讲故事）的模式，重塑着情感体验和表达方式，这些新的叙述模式通过唤起情感反应来对未知的情境进行意义建构（meaning-making）[2]。例如在"♯MeToo 运动"中，当事人和网民一起分享信息、讲述事件，唤起人们同情、愤怒等情感，进而完成对事件的道德评判。愤怒的情绪也引导着人们建构这一运动的社会意义。在"江歌案"[3] 中，无数网民参与进来，大量的个体表达共同构成了"江歌案"的叙事，其中充斥着泛滥的情绪，淹没了事实。这一事件也被认为是后真相的代表案例。网民的愤怒、同情等情感参与到叙事的形成之中，并由此建构了对这一事件的道德评判。

（二）新媒介改变了情感表达的规则。每个人都生活在社会之中，与各类社会规则互动，其行为受到社会规则的制约。情感表达也是一种在特定情感规则下的社会行为。规则不同，情

1　Papacharissi, Z., *Affective Publics：Sentiment，Technology，and Politics*，New York：Oxford University Press，2015，p. 9.

2　Ibid., p. 4.

3　2016 年 11 月 3 日，中国留学生江歌在日本东京中野区的宿舍门口被害，凶手是室友刘某的前男友陈世峰。事发后，舆论对刘某是否应为江歌被害担责存在争议。案发后，刘某与江歌母亲发生激烈冲突。该事件吸引了媒体和网民的关注，持续至今。2022 年 1 月 10 日，山东省青岛市城阳区人民法院一审宣判，判决被告刘某赔偿近 70 万元。刘某不服，提出上诉。2022 年 2 月 16 日，山东省青岛市中级人民法院二审开庭审理，并择期宣判。

感表达的方式也有差异。新媒介形成了与线下空间不一样的社会规范和情感规则：网民的匿名性导致线下交往所依据的身份标识不再具有重要的意义，由此，与身份有关的社会规范逐渐被消解，等级秩序逐渐失效，权力关系发生转变，这些因素都影响了人们的情感表达。网民的愤怒表达因较少受到社会规则的限制，目前相对自由。新媒介空间中情感规则的变化促成了以愤怒为重要特质的网络舆论，构成了对公共性、政治和社会共识、国家治理等问题的挑战。当然，国家也在努力建构新媒介空间中的情感规则，塑造公众情感表达的方式，比如鼓励正向情感的表达、抑制负向情感，网络中的悲情、戏谑、愤怒等情绪都被贴上负面、非理性、煽情、不文明等标签。[1] 情感规则的建构背后是不同权力之间的博弈。

还需要注意的是，"情感规则"这一概念有把情感理性化的嫌疑，好像人们的情感展示、表达和流露都必然遵循明确的规则，没有注意到情感的任意性，因此，并不能完全用情感规则来分析愤怒。霍姆斯认为"情感规则的概念在思考政治变革如何挑战情感规范时是有用的，但它没有捕捉到情感的任意性和愤怒的矛盾心理"[2]。愤怒的产生和表达有时能够超越现有的情感规则，这会给政治带来更为复杂的影响，突如其来的、超越

---

[1] 杨国斌：《情之殇：网络情感动员的文明进程》，《传播与社会学刊》2017 年总第 40 期，第 75—104 页。

[2] Holmes，M.，"Feeling Beyond Rules：Politicizing the Sociology of Emotion and Anger in Feminist Politics," *European Journal of social theory*，2004，7（2）：209 - 227.

情感规则的愤怒有时能够构成对政治权威的巨大挑战，这在社交媒介时代尤为常见。

（三）公众的愤怒表达又具有唤醒愤怒的功能。认知心理学、脑神经科学等研究路径假定了人们有某种客观的、静态的体验，可以用实验等方法进行测量，但实际上人们的情感体验并不是与生俱来的，而是后天习得的产物。个体幼时在家庭、学校等场合，观察成年人在特定场合做出的情感反应，进而学习形成情感体验。情感体验也是被情感表达唤醒的，希尔指出，"表达组织了我们的体验。"[1] 情感表达对于唤醒情感具有不可忽视的意义。表达愤怒通常会唤起更多的愤怒体验，进而形成沸腾的集体愤怒。

基于以上讨论，本书可以回答前文提出的第一个研究问题，即新媒介如何改变人们表达愤怒的方式。新媒介空间中的愤怒文化与新媒介技术有紧密关系。新媒介改变了愤怒表达的情感规则和权力关系，社会弱势群体和普通网民成为愤怒表达的主体。新媒介也通过连接性的技术特征，模糊了私人与公共的边界，将个体的愤怒情绪带入公共空间，转变成集体愤怒，这缔造了在社交媒介时代常见的群情激愤的景象。愤怒也可以通过媒介流通和传播开来，每一次的愤怒表达都可能进一步唤醒更多人的愤怒体验。这些都促成了新媒介中的愤怒文化。当

---

1 Scheer，M.，"Are Emotions a Kind of Practice（and Is That What Makes Them Have a History）? A Bourdieuian Approach to Understanding Emotion，" *History and Theory*，2012(51)：193－220.

然，依据情感社会学的观点，情感与社会结构相关，一个社会的情感氛围与社会文化、社会结构有密切关系。当代新媒介空间中的愤怒文化是由技术和社会变迁共同作用而成的，对于公共舆论中愤怒文化的探讨，也应该立足于中国社会变迁的宏观背景中。愤怒文化的产生与转型时期的道德和正义观念有关，理解愤怒文化离不开对愤怒背后的这二者的探讨。

三、 愤怒、正义观念与道德语法

当一个人受到不应得的伤害时，便会激发愤怒的情绪。愤怒发生的过程至少包含以下几种因素：伤害是严重的，伤害是不正义的，人的尊严是应该被尊重的。如果没有这些认知因素，愤怒就不会发生。学界认为愤怒与人们的正义观念有关，例如努斯鲍姆与所罗门指出，我们的情感是由我们对其对象的信念构成的。[1] 就愤怒而言，"不公正框架"构成了我们理解对象的信念。这一框架被威廉·甘姆森（Gamson，W.）描述为一种理解某种状况的方式，它表达了对被感知到的不公正的愤慨，并指出哪些人应为此负责和受到谴责。[2] 基于这一框架，愤怒的产生源于正义、尊严、道德等信念，当人们的正义观念、尊严或道德判断被侵犯时，愤怒就容易产生，这就

---

1 Pettigrove，G. & Tanaka，K.，"Anger and Moral Judgment，" *Australasian Journal of Philosophy*，2014，92(2)：269 - 286.

2 Goodwin，J.，Jasper，J. M. & Polletta，F.（eds.），*Passionate Politics：Emotions and Social Movements*，The University of Chicago Press，2001，p. 8.

是人们常说的"义愤"，它促使人们争取正义和尊严，即"为承认而斗争"。[1] 马尔登（Muldoon，P.）也指出，愤怒一般产生于错误的伤害，与不公正感密切相关。[2] 这提示我们可以从各类愤怒的表达中探究人们对公平、正义和尊严的认知。接下来，本书将基于近年来中国网络世界中发生的典型事件，讨论网民愤怒表达中的正义观念和道德语法，即什么样的正义观念和道德语法塑造了当代中国社会的公众愤怒。

中国公共舆论中的情感特质已经得到学者的关注[3]，愤怒是其中不可忽视的情感，它弥漫在新媒介空间中，影响了许多公共议题的走向。在不同的事件中，愤怒有着不同的认知因素和价值。对此本书将通过典型事件加以剖析。根据邱林川、陈韬文的界定，新媒体事件主要包含四种类型：民族主义事件、权益抗争事件、道德隐私事件、公权滥用事件。[4] 民族主义事件虽然数量不算最多，但一般都能引发较大规模的参与。权益抗争事件是人们为了维护自己的权利而发生的事件，涉及人们

1　阿克塞尔·霍耐特：《为承认而斗争》，胡继华译，上海：上海人民出版社，2005 年。

2　Muldoon，P.，"The Moral Legitimacy of Anger，" *European Journal of Social Theory*，2018，11(3)：299–314.

3　杨国斌：《悲情与戏谑：网络事件中的情感动员》，《传播与社会学刊》2009 年总第 9 期，第 39—66 页；郭小安：《网络抗争中谣言的情感动员：策略与剧目》，《国际新闻界》2013 年第 12 期，第 56—69 页。

4　邱林川、陈韬文主编：《新媒体事件研究》，北京：中国人民大学出版社，2011 年。

对于正义、权利和尊严的理解，比如"问题疫苗事件"[1]。道德隐私事件在互联网上也频繁发生，比如"江歌案"以及 2011年的"小悦悦事件"[2]。公权滥用事件是网民针对公权力的滥用而形成的舆论，涉及人们对公权力行使的道德判断。愤怒被认为是社会运动的核心[3]，这四种类型的新媒体事件也大都与愤怒紧密相关。除此之外，还有一种类型的事件也频繁发生，并且经常引发公共舆论，那就是阶层冲突事件，其中一些与仇富、感知到不公平等情绪相关。这五种类型的事件构成了本书分析的主要对象。

从中国驻南斯拉夫联盟共和国大使馆被炸，到北京奥运火炬传递在巴黎遭遇破坏，再到钓鱼岛事件、"帝吧出征"以及最近两年引发大众舆论关注的多起"辱华事件"，等等。从这些事

1　2017 年 11 月，国家食品药品监管总局发布信息称，长春长生生物科技有限责任公司、武汉生物制品研究所有限责任公司生产的两批百白破疫苗效价指标不符合标准规定，引发舆论关注。然而不到一年时间，长生生物再次出现疫苗问题。2018 年 7 月 15 日，国家药品监督管理局发布通告称，国家药品监督管理局组织对长春长生生物科技有限责任公司开展飞行检查，发现该企业冻干人用狂犬病疫苗生产存在记录造假等严重违反《药品生产质量管理规范》的行为。国务院调查组调查发现，长春长生公司从 2014 年 4 月起，在生产狂犬病疫苗过程中严重违反《药品生产质量管理规范》和国家药品标准的有关规定，有的批次混入过期原液、不如实填写日期和批号、部分批次向后标示生产日期。这两次疫苗问题引发公众愤怒和恐慌。

2　2011 年 10 月 13 日，2 岁的小悦悦(本名王悦)在广东省佛山市南海黄岐广佛五金城相继被两辆车碾轧。在 7 分钟内，有 18 名路人路过，但都视而不见。最后，一名拾荒阿姨陈贤妹上前帮助。10 月 21 日，小悦悦经医院全力抢救无效后离世。媒体对这一事件做了许多报道，引发了社会对道德冷漠的反思。

3　Jasper, J. M., "Constructing Indignation: Anger Dynamics in Protest Movements," *Emotion Review*, 2014, 6(3): 208-213.

件中可以看出，民族主义情感已经成为影响网络舆论和网络动员的因素，它包含爱、仇恨、愤怒等几种具体的情感。愤怒是民族主义表达和动员的核心，在不同阶段的民族主义事件中，愤怒的表达和构成也有区别。1999 年 5 月 8 日，以美国为首的北约部队，轰炸了中国驻南斯拉夫联盟共和国大使馆，致使新华社记者邵云环，《光明日报》记者许杏虎、朱颖牺牲。这一事件在中国引发巨大的反应，舆论纷纷表达对美国的愤怒，愤怒背后的道德语法主要是基于美国对国际政治规则的破坏以及对中国的伤害，包含了国际政治伦理、民族尊严等认知因素。在最近两年频繁出现的"辱华事件"所引发的舆论中，愤怒主要由文化因素引起，与羞辱感相联系，羞辱的体验引发愤怒的表达。例如，杜嘉班纳（D＆G）事件[1]中，"起筷吃饭"的宣传广告被认为歧视中国传统文化，引发了愤怒的集体表达和对杜嘉班纳的抵制。近年来民族主义事件中愤怒的表达常常和"大国"话语联系在一起。在"帝吧出征"事件中，网民的愤怒直接转变成网络空间中的具体行动，愤怒与民族自豪感联系在一起。总体来看，民族主义事件中的愤怒，既可能包含对国家平等、获得尊重等目标的追求，也可能蕴含着并不恰当的观念，导致对"他者"的贬低和"我们—他

1　2018 年 11 月，意大利品牌杜嘉班纳（D＆G）为了给 11 月 21 日的上海大秀预热，发布了以"起筷吃饭"为主题的系列宣传片。在宣传片中，一名东方女子拿着筷子，以夸张、奇怪的姿态吃着比萨等西方美食，被网友质疑歧视中国传统文化。事情发生之后，杜嘉班纳在其官方微博上删除了这些短视频，但其一位设计师被认为在社交媒体上发布"辱华"言论，再次引发网民不满和愤怒。11 月 23 日，杜嘉班纳发布致歉声明视频。

们"的对立，这需要细致分析不同类型的事件。

权益抗争事件是网民因自己或者他人的权益被损害而形成的网络舆论事件，例如前文所提的"问题疫苗事件"和"红黄蓝幼儿园事件"[1]。在这些事件中，愤怒的情绪通过新媒介传染，将网民连接在一起，形成强大的力量。一般来说，与切身利益相关的事件更容易引发愤怒，比如问题疫苗的危害可能涉及所有人，就更容易被传播。愤怒的强度与事件的波及范围、引发的道德震撼（moral shock）[2]、参与主体的唤醒策略等相关。权益抗争事件的发生一般是因为事件被认为违背了个体权利、道德规范与正义观念。一些"强拆"事件之所以引发愤怒是因为此种行为被认为违背了个人的财产权，愤怒背后的道德语法是个体权利的正当性。在"# MeToo"运动中，受侵害的当事人的讲述唤起的公众愤怒，与人们对个体权利、尊严、道德规范等的认知有关。在频繁发生的伤医事件之后，医生在公共空间中集体表达愤怒，以期得到社会大众的理解和对自身权益的保障。权益抗争事件中的愤怒推动了人们争取自身或他人权益的行动。

1　2017年11月22日晚间，在北京朝阳区红黄蓝幼儿园家长的微信群中，陆续有家长称自家孩子出现问题，有家长发现孩子身上有结痂的针孔。涉事幼儿园教师刘某某因涉嫌虐待被看护人罪被刑事拘留。2018年12月26日，北京市朝阳区人民法院依法对被告人刘亚男公开宣判，判处刘亚男有期徒刑一年六个月，责令其自刑罚执行完毕之日或者假释之日起五年内禁止从事未成人看护教育工作。刘亚男不服，提出上诉。2019年6月11日，北京市第三中级人民法院作出二审宣判，裁定驳回刘亚男上诉，维持原判。

2　Jasper, J. M., "Emotions and Social Movements: Twenty Years of Theory and Research," *Annual Review of Sociology*, 2011(37): 285 – 303.

　　道德隐私事件的发生与网民对道德规范的认知更是直接相关。例如，在 2016 年发生的"江歌案"中，愤怒的网民将矛头指向江歌室友刘某。刘某被叙述为"自私冷漠""恩将仇报""忘恩负义"的形象，网民的愤怒背后是具体的道德观念，他们试图通过愤怒的表达来维护道德秩序。在"江歌案"中，还值得注意的是，整个事件的舆论形成过程包含了网民对于事件的想象、重新叙述和分享。这是社交媒体时代真相的构成方式，影响了网民对于事件的认知和愤怒情绪的产生。在变迁的社会中，人们的道德伦理观念和道德秩序都在发生急剧变化，不少相互冲突的道德观念（例如传统的、现代的）在社会上广泛流行，媒体和大众也往往对道德隐私事件比较关注。愤怒的一个核心功能就是对相关事件和当事人进行道德评价，以此重构变迁社会中的道德观念和秩序。

　　公权滥用事件主要是指与政府部门相关的事件。地方政府对权力的滥用常常会激发公众的愤怒。愤怒代表着人们对权力行使的道德判断，在中国的语境中，愤怒具有规范政治行为的力量。研究社会抗争、群体性事件的学者指出中国治理中存在的"小闹小解决、大闹大解决"的现象[1]，如果放在新媒介的语境中，所谓"大闹"指的就是集体愤怒的表达。作为对政府行为进行道德评判的集体愤怒，重塑着公权力的合法性。

---

[1] Chen，X.，"Between Defiance and Obedience：Protest Opportunism in China," in Elizabeth J. Perry & Merle Goldman.（eds.），*Grassroots Political Reform in Contemporary China*，Harvard University Press，2007.

愤怒被认为是经济不平等的结果，欧斯特指出，"作为经济不平等的结果，愤怒总是存在的（经常是潜在的）。"[1] 在现代社会，平等观念流行，人们难以容忍经济、身份等方面的差异，这容易带来怨恨、愤怒、相对剥夺感。经济分配经常会引发愤怒。在中国的网络空间中，经济分配等原因导致的阶层贫富分化常常是诱发愤怒和怨恨的因素。经济上的不平等导致一些群体产生相对剥夺感和不公感，违背了他们对公平正义的认知，当这些感受被一些事件激发时，就有可能导致愤怒的情感和表达。这就是第五种新媒体事件——阶层冲突事件。事件中的"阶层"虽然与当事人实际的社会阶层位置有一定的关系，但更主要的是媒体和公众的符号建构，以及背后的大众情绪。这一类型事件中的愤怒多源于公众对经济不平等的认知，表现为仇富、不满、不公感、愤怒等类型的情感，甚至有走向民粹主义的可能。这种类型的愤怒的产生有多重逻辑，其中包含了中国传统的经济伦理和平等观念、马克思主义伦理观、西方的平等和公正观念等。这些因素共同构成了源自经济不平等的愤怒的道德语法。

---

1 Ost, D., "Politics as the Mobilization of Anger: Emotions in Movements and in Power," *European Journal of Social Theory*, 2004, 7(2): 229 - 244.

新媒体事件中的愤怒表达

事件类型	愤怒背后的正义 认知与道德评价	愤怒表达的价值与效果
民族主义事件	历史不应该被遗忘 歧视是不合理的 国家之间应该是平等的 强权是不正当的	争取国际正义 争取历史正义 区分"我们—他们" 对"他者"的贬低与污名化
权益抗争事件	个人权利不应该被侵犯 被侵犯的权利应该获得正当的赔偿 人与人的权利应当是平等的	争取被承认 维护个人正当权利
道德隐私事件	良知是重要的 伤害他人是不应当的	惩罚非道德行为 维护道德秩序
公权滥用事件	公权力的使用应该是正当的 公权力应该服务于公共福祉而非私人利益 公权力应该被制约	对公权力行使进行伦理评判 批评公权力的违规使用
阶层冲突事件	经济分配应该是公平的 不同群体之间的贫富不能过于分化 财富来源应该是正当的	对分配制度进行道德评价 质疑一些人财富来源的正当性 质疑贫富悬殊带来的权利不平等 也有可能导致民粹主义

　　说明：表格依据近年来发生的新媒体事件，简要概括了愤怒背后的正义认知和道德评价，以及愤怒表达的价值与效果。

　　表格中对于正义认知、价值与效果等问题的概括依据部分案例形成，以便说明上文论述的思路。但对于正义认知、道德评价、价值与效果的进一步探讨，需要更多的经验研究。

在中国社会变革和媒介变迁的语境中，我们会发现愤怒这一情感的政治意义。传统社会也有愤怒，最激进的表达方式就是农民起义。但传统社会的特征决定了它难以催生大规模的、流行的愤怒情绪。首先是传统社会的人员流动、信息流动都比较缓慢，社会情绪也难以扩散，个体的愤怒难以转变成集体的愤怒。其次，如本书前文所述，传统社会中，生存范围较小，加之平等观念并未如现代社会这样流行，经济不平等引发的愤怒不如现代社会那样常见。社会变革带来的分配制度、社会流动、阶层关系、社会观念等方面的变化，更容易催生愤怒的文化，媒介技术的发展又促成了愤怒的公共化，这些因素使得愤怒在现代政治中的作用重大。社会抗争的相关研究认为愤怒是社会运动或社会抗议发生的动力，建议人们关注"情感如何促动人们对这个世界进行道德评价，以及人们的政治性愤怒如何带动一个让改变确切发生的社会运动"。[1] 在中国新媒介空间中，人们也通过愤怒的表达对世界进行道德评判，维护他们心中的正义观念和道德秩序。愤怒也是一些群体争取正义、尊严和被承认的方式，人们表达愤怒，是为了向他人表达自己对于社会不公、被歧视等问题的不满，是为了向他人争取被承认。认真对待愤怒对理解社会正义、社会观念等都具有重要的意义。

当然，指出愤怒背后的与公平正义相关的认知因素，并不是说任何愤怒都是正义的。努斯鲍姆指出，"愤怒概念是复杂

---

[1] 张雅贞：《情感与社会批判：人类社会行动的情感解释》，《思与言》2012 年第 50 卷第 4 期，第 179—203 页。

的、多面向的。复杂指的是其认知性结构中包含大量不同要素，需要确认错误的不同来源来对其做不同处理；多面向指的是愤怒会呈现出不同类型的反应，在认知性内容上存在轻微差异，因此也就形成了不同的与正义、爱以及慷慨之间的关系。"[1] 愤怒背后的认知很可能包含错误的来源，因此它不一定就能促进正义，正如弭维指出的，"愤怒可能源于不合理的价值"[2]。在新媒介空间中，愤怒的产生有时与仇富的心理有关，有时还受到平均主义和民粹主义的影响。各种合理的、不合理的正义观念交织在一起，正义观念的复杂性决定了愤怒的复杂性，这一点需要基于具体事件来分析。

四、 愤怒表达与社会互动

如果采取"实践"的视角，对愤怒的探讨就不能止步于情感的社会（新媒介）建构及其背后的认知因素这样的层面，而应该将其纳入社会交往之中，考察不同的主体如何围绕愤怒展开互动。愤怒应该被视为交往过程的一部分[3]，它建构了自我与他人之间的关系。这一部分将分析在新媒介空间中人们如何通过表达愤怒进行互动，形成了什么样的社会关系，公众的愤

---

1 弭维：《政治情感的认知特性、社会功能及其对正义的影响》，《国外理论动态》2016年第 8 期，第 137 页。
2 同上，第 140 页。
3 Holmes，M.，"Feeling Beyond Rules：Politicizing the Sociology of Emotion and Anger in Feminist Politics," *European Journal of Social Theory*，2004，7（2）：209 – 227.

怒又如何与国家互动。

　　情感与人们的认同相关。个体把自己视为特定的组织或阶层中的成员，会影响他/她产生的情感体验。反过来，一个群体对于世界的感受也会塑造或者强化这一群体的认同。例如，感受到弱势、无力、无能，会强化个体对"弱者"的认同。近些年，"loser""躺平"等类似话语的流行就代表了无数个体的无力感受，这种感受的传播又反过来强化个体的认同。在国际冲突中，个体的愤怒会强化其作为国家公民的身份认同。梅塞（Mercer，J.）更进一步地指出，"我们是谁"（who we are）取决于"我们感受了什么"（what we feel）。[1] 愤怒的表达和体验也会塑造人们关于自己身份的想象和认同。比如，在国家与国家之间的冲突事件中，人们通过愤怒的表达和对他人愤怒的感知，唤醒并塑造着"我们是谁"的意识。在阶层冲突、官民冲突、医患冲突等事件中，愤怒的表达也进一步塑造了他们对于自身作为弱势群体、社会底层、患者等身份的想象，例如，我们经常会看到网民在表达愤怒时自称为"屁民""草民"等。多起伤医事件发生之后，医生的愤怒和发声也塑造了医生群体的身份想象[2]。因此，愤怒不仅意味着重新定位"我们"与他

---

[1] Mercer, J., "Feeling Like a State: Social Emotion and Identity," *International Theory*，2014，6(3)：515-535.

[2] 诸多因素导致医患冲突频繁发生，一些医生被患者或患者家属暴力伤害，比如2019年民航总医院医生杨文被伤害致死、2020年朝阳医院眼科医生陶勇被恶性伤害。这些事件发生之后，医生、医学生在社交媒介上发声，表达愤怒。愤怒的表达既塑造了医生群体的身份想象，也在某种程度上改变了公众的态度和认知。

人的关系[1]，还意味着唤醒"我们"的身份和认同，重塑"我们"与他人的边界。

愤怒常常带有对他人地位的关注和贬低[2]，"基于地位感而愤怒的人过于沉迷地关注自己相对于其他人的位置"[3]，由于愤怒的这一特征，它难以产生基于平等身份的对话，而是倾向于生产不平等的身份关系。如前文所述，在新媒介之外，愤怒的表达多是自上而下，这本身就蕴含了身份的不平等。新媒介空间中，愤怒表达的权力关系发生了转变，普通民众乃至社会的弱势群体开始成为愤怒表达的主体，但愤怒的表达依然带有对愤怒对象的地位贬低或道德贬低，比如，使用一些标签化的语言来表达愤怒，污名化愤怒针对的对象——可能是某个国家、群体、阶层甚至个体。

不加克制的愤怒是反对交流的，它将注意力集中于自己的身体姿势、语言符号的表达，抱有强烈的实现自我目标的愿望，甚至将"自我"神圣化，而不愿意和他人对话。愤怒也阻止了其他人的发言，在很多的事件中，愤怒激发的不是对话的意愿，而是更多的愤怒或者恐惧。冲冠一怒引发的很可能是惧怕。因此，愤怒的表达可能会阻碍不同群体之间的对话，进而

1　Holmes，M.，"Feeling Beyond Rules：Politicizing the Sociology of Emotion and Anger in Feminist Politics，" *European Journal of Social Theory*，2004，7（2）：209 - 227.
2　弭维：《政治情感的认知特性、社会功能及其对正义的影响》，《国外理论动态》2016年第 8 期，第 140 页。
3　同上，第 138 页。

导致达成共识或增进相互理解更为困难。不仅如此，作为一种带有意向性的情感，愤怒总会有针对的对象，"我们可能会变得愤怒，然后着手构建一些被指责的对象，如'体制''富人'或'政客'"[1]。对萨拉·艾哈迈德（Ahmed，S.）来说，厌恶的表达让那些共同谴责一件恶心的事物或事件的人团结起来并形成一个群体[2]，愤怒的表达也同样有此功效。愤怒的网民会围绕具体的事件形成一个临时的共同体，指向特定的对象，塑造"他者"，也就是常说的"同仇敌忾"。这有可能会造成群体之间的割裂和排斥，减弱对"他者"的共情。比如在一些民族主义事件、仇富或仇官类事件中，网民会针对特定的对象，通过愤怒的表达区分"我们——他们"，这类愤怒中也含有报复的欲望。

既然愤怒与正义观念有关，愤怒的产生是由于人们认为正义被违背，那么，一个社会如果缺乏具有一定共识性的正义观念，就更容易产生愤怒并且容易因愤怒而撕裂。因为在这样的社会中，不同的正义观念会催生各种各样的愤怒，愤怒的表达难以达成相互之间的理解。在后真相时代，这一问题变得更为复杂，因为此时的事实与情绪相关，不再具有传统意义上的客观性。基于情绪建构的"事实"本身就是多元的甚至是冲突

1　Swaine，L. A.，"Blameless，Constructive，and Political Anger，" *Journal for the Theory of Social Behavior*，1996，26(3)：257 - 274.

2　Ahmed，S.，*The Cultural Politics of Emotion*，Edinburgh：Edinburgh University Press，2004，p.94.

的，由这些认知因素而产生的愤怒，很有可能会加剧社会的撕裂。

愤怒可能导向话语暴力，尤其是在新媒介时代。新媒介在一定程度上消解了传统的社会规范，形成了前文所说的新情感规则。这种新的规则导致个体的情感管理方式以及情感表达发生了重要的变化。愤怒表达中的暴力语言常常背离了争取正义和承认、获得个人尊严的目标。暴力的语言在新媒介中迅速传播，唤起的是更多的暴力与相互间的攻击。

在愤怒的表达方面，网络中还有一种不同于因正义和尊严被侵犯而导致的表达方式值得关注，即"泄愤式表达"。通常来说，愤怒的表达针对明确的、具体的伤害者，愤怒表达的主体因为自己或他人的正义观念、尊严被侵犯而产生不满。但泄愤者所针对的往往是抽象的，其对象可以是某一个群体，也可以是某一个物品，在该群体或物品并未对其产生实质性伤害的时候，泄愤者依然会针对他们发泄自己的愤怒情绪。泄愤式的舆论表达加剧了网络话语暴力的程度。

基于以上论述，愤怒蕴含的对他人地位的贬低、"我们—他们"的对立、不合理的正义观念、暴力的语言，都可能损害公共讨论，正如沃尔-乔根森（Wahl-Jorgensen，K.）所指出的，公众对负面和分裂性情绪的表达可能会破坏更广泛的公共辩论形式，即使它会加强以排他性身份为前提的特定社群内的联系。[1]

---

1 Wahl-Jorgensen，K.，*Emotions*，*Media and Politics*，Cambridge：Polity Press，2019，p.12.

愤怒能够导致什么样的集体行为与相关群体的社会阶层有关。心理学的研究发现，"社会阶层和集群行为类型可以调节群体愤怒与集群行为意向的关系，在产生愤怒情绪时，自身的社会阶层越高，采用规范的集群行为的意向就越高，而自身的社会阶层越低，采用非规范的集群行为的意向就越高"。[1] 中国互联网的发展呈现出往低学历、低阶层用户群扩展的趋势，就此而言，愤怒经常导致的网络暴力也与新媒介使用者的阶层结构有关。

愤怒的表达不仅影响了不同群体、不同阶层之间的互动，也塑造着公众与国家的关系。对愤怒表达的政治后果、愤怒在中国政治中的意义，要放在政治结构和中国政治观念中进行分析。《左传》中说"众怒难犯"，意思是众人的愤怒不可侵犯，"众怒"具有规范政治的力量。公开表达的集体愤怒被认为应该得到政治的回应，造成众怒的公共事件被认为应该得到政府的治理。愤怒的表达在一些事件中能够逼迫政府做出回应。政府部门也通过对"众怒"的回应塑造着政治的合法性，比如在一些事件中，上级政府会通过对基层政府机构或个人的问责回应公众的愤怒情绪。但"一般来讲，如果自我和他人的行动，以及情境没有符合期望的标准，人们将体验到负性情绪的唤

---

[1] 李凯、徐艳、杨沈龙、郭永玉：《群体愤怒影响集群行为意向的阶层差异》，《心理科学》2018年第41卷第4期，第956—961页。

醒"[1]，如果公众的愤怒没有得到回应，就可能唤醒更多的负性情绪，比如愤怒、失望、不满、无力，这将会进一步影响公众与国家的互动。

五、"众怒"的年代

本书主要基于情感研究的述行路径，探讨了新媒介对于愤怒的影响，尝试理解愤怒在变迁中的中国社会是如何产生、流通以及造成了何种政治后果。公共愤怒急速兴起并成为影响政治的力量，既与社会的变迁有关，也与新媒介的发展紧密相连，是社会变迁与技术相互激荡的结果，两者共同促成了众怒年代的形成。

与书写媒介相比，电脑、手机等新媒介技术更容易催生"情感公众"（affective publics）。在新媒介空间中，新媒介提供了独特的叙事结构，每一位网民对于周围世界的感知都可能转变为讲述、分享和添加的故事[2]，网民会借助自己的情感参与到网络事件的叙述之中。情感连接了公众，塑造了彼此之间的关系和认同。愤怒是当代中国"情感公众"的重要特质，是推动公众参与的力量。愤怒的表达塑造了网民对于自己身份的想象，影响了不同群体之间的社会关系和公共讨论的开展。以

---

1 乔纳森·H.特纳：《人类情感：社会学的理论》，孙俊才、文军译，北京：东方出版社，2019年，第74页。

2 Papacharissi, Z., *Affective Publics*: *Sentiment*, *Technology*, *and Politics*, New York: Oxford University Press, 2015, p.5.

愤怒为特征的情感公众的形成，有助于理解新媒介与中国政治的关系，这值得更多经验研究。

在政治生活中，愤怒常常被视为暴力和侵略的危险力量[1]。本书并不完全赞同这一观念。网民的愤怒与他们关于尊严、正义、公平的观念有关。社会的变迁、观念的变化、人口流动的频繁、分配制度的变革等都是影响愤怒产生的因素。对网络愤怒进行更多的分析，有助于增进对社会正义、不同群体的尊严等问题的理解，倾听弱势群体的声音。网民的愤怒也有可能导致网络舆论的暴力化，阻碍对话和共识，加剧社会割裂。可以说，对愤怒进行分析是理解中国公共性形成和演变的一个切入口，愤怒容纳了正义观念、民粹主义、传统道德规范、政治伦理等多种要素。

跳出中国的新媒介语境，从全球的范围来看，政治中的愤怒也值得更多的关注。无处不在的愤怒已经构成当下政治的存在环境。全球政治与社会的剧烈变迁带来各种冲突的加剧，比如精英群体与普通大众和底层群体之间就资源分配问题、权利问题而产生的冲突，不同民族、种族之间因为文化、文明、种族歧视等产生的冲突，不同国家因为利益、意识形态产生的冲突，这些都催生了愤怒的政治。愤怒既推动了一些群体争取承认和平等的进程，但也造成了不同群体之间更为剧烈的冲突，甚至撕裂。

---

1 Wahl-Jorgensen，K.，"Media Coverage of Shifting Emotional Regimes：Donald Trump's Angry Populism，" *Media*，*Culture & Society*，2018，40(5)：766 - 778.

　　本书的讨论是初步的，还留有一些议题值得更深入的探索：（一）正义观念的变迁。既然正义的观念与愤怒直接相关，我们需要对中国社会中的正义观念做历史分析，以理解愤怒文化的形成过程及其在公共生活和国家政治中的价值，这样亦有助于厘清愤怒文化与民粹主义兴起之关联。（二）围绕新媒介时代的"众怒"而展开的国家与公众之间、不同层级的政府部门之间的互动，也值得进一步探讨。（三）愤怒的政治与全球变迁，即把愤怒置于全球变迁的背景中考察，探讨愤怒对全球政治的形塑，这对于理解国际政治来说也意义重大。

第五章

我们时代的“怕”

不确定性与恐惧文化

人类最古老、最强烈的情感是恐惧；而最古老、最强烈的恐惧，是对未知的恐惧。

——H．P．洛夫克拉夫特

一、 现代社会的"恐惧文化"

1933 年,富兰克林·罗斯福在做总统就职演讲时说,"我们唯一需要恐惧的是恐惧本身"。半个多世纪后,面对弥漫于社会生活之中的恐惧,亚当·柯蒂斯(Curtis,A.)这样评论:"人们是中了恐惧的毒。""恐惧文化"一词愈加频繁地出现在媒体和日常用语中,为此英国社会学家菲雷迪(Furedi,F.)借助数据库 Nexis 绘制了相关修辞的演变轨迹。菲雷迪发现,在 20 世纪 90 年代内,"恐惧文化"被提到的次数从 8 次增加到 533 次,到了 2016 年,这一数字已升至 2222 次。[1] 恐惧已成为现代社会的流行情绪,鲍曼(Bauman,Z.)甚至宣称"我们的时代再次成为恐惧的时代"。[2] 新的科技、恐怖主义、公共卫生事件、自然灾害、战争、难民等,都成为社会恐惧情绪的来源。恐惧文化影响着我们对新事物的理解和对未来的期待,也建构着不同群体之间的关系。理解恐惧,既是理解现在,亦是思考未来。本书主要探讨现代社会中恐惧文化的形成。

我们追求安全,又不得不面对各种威胁以及恐惧的情感,这在现代社会已经成为人们的日常经验。布德(Bude,F.)在《恐惧社会》一书中说,"在现代社会,恐惧是一个影响每个人

---

[1] 弗兰克·菲雷迪:《恐惧:推动全球运转的隐藏力量》,吴万伟译,北京:北京联合出版公司,2009 年,第 4 页。
[2] 齐格蒙特·鲍曼:《流动的恐惧》,徐朝友译,南京:江苏人民出版社,2012 年,第 3 页。

的问题",是我们时代的基本体验。[1] 沃勒斯坦（Wallerstein，I.）把恐惧视为"当今世界大多数地方最普遍的公众情绪"[2]。鲍曼甚至认为，在现代社会，"与恐惧的斗争已被证明是一项终生的任务"[3]。恐怖主义威胁、公共卫生的危机、致命的疾病、看不见的病毒、环境污染的风险、可能发生的战争、不可预测的科技后果，这些都使得恐惧成为理解现代社会的重要情感，以至于有一些学者认为，现代社会存在着一种"恐惧的文化"[4]，这一概念被用来指恐惧及其后果通过暴力、胁迫、恐吓和诱惑等直接或间接的形式渗透到社会结构中[5]。当然，说"恐惧文化"是现代社会的特征，并不是否认传统社会也有恐惧这种情感，也不是说现代社会变得更让人恐惧[6]。这一概念的确切含义是指，关于恐惧的修辞、话语、图像以及人们对于恐惧的体验，渗透到日常生活之中，成为现代社会的重要特征，恐惧已经成为人们理解世界的框架。回避风险，追求安

---

1 Bude，H.，*Society of Fear*，translated by Jessica Spengler，Malden，MA：Polity Press，2018.

2 Wallerstein，I.，"The Anatomy of Fear，"*Commentary*，2010，No. 281，pp. 1 - 2.

3 Bauman，Z.，*Liquid Fear*，Polity Press，2006，p. 8.

4 Tudor，A. A.，"(Macro) Sociology of Fear?，"*The Sociological Review*，2003，51(2)：255；Jeffries，F.，"Mediating Fear，"*Global Media and Communication*，2012，9(1)：39.

5 Jeffries，F.，"Mediating Fear，"*Global Media and Communication*，2012，9(1)：39.

6 弗兰克·菲雷迪：《恐惧：推动全球运转的隐藏力量》，吴万伟译，北京：北京联合出版公司，2009 年。

全，减少恐惧感，成为人们对公共政策和事物的价值做出评判的重要依据。

我们使用的恐惧是一个含义复杂的概念，包含焦虑、恐惧和恐慌等一系列情感体验。它们之间有一些共同点，比如都包含了不确定感，但也有一些区别。虽然焦虑和恐惧都被视为"对于风险的应对机制"[1]，但"恐惧与焦虑的最大不同在于，恐惧是针对特定风险的反应，而焦虑则是非特定的、'模糊的'和'无对象的'"[2]。不过，这一区分并不能完全涵盖两者的区别，比如一些焦虑体验也有特定的对象，我们在日常生活中也会因为某些具体事件而焦虑。焦虑和恐惧还有一些难以区分之处。一些学者认为，焦虑和恐惧"这两个词在使用的时候往往可以互换"。[3] 另一个与恐惧（fear）相似的概念是恐慌（panic）。恐惧是由看到或感知到危险而产生的情感反应，可以产生于已知的危险，也可以源于未知的危险，即对危险的预测、想象、判断。恐慌这一概念则更强调由于恐惧而产生的慌乱，词义上带有非理性的色彩。两者的词义虽有差异，却并无清晰的界限。本书使用的是"恐惧"这一概念，但包含了从焦虑到恐慌的一系列含义。

恐惧包含不同的类型。美国政治理论家柯瑞·罗宾（Rob-

---

1 张慧、黄剑波：《焦虑、恐惧与这个时代的日常生活》，《西南民族大学学报》2017 年第 9 期，第 7 页。
2 同上。
3 弗兰克·菲雷迪：《恐惧：推动全球运转的隐藏力量》，吴万伟译，北京：北京联合出版公司，2009 年，第 27 页。

in，C.）在《我们心底的"怕"》一书中讨论了历史上思想家对恐惧的认知，他虽未直接划分恐惧，但该书的论述显示其所说的恐惧包含"政治上的恐惧"和"个人的恐惧"。政治上的恐惧是指，"一个民族感觉得到的疑惧不安，这种疑惧不安来自他们作为集体的安乐现状所面临的某种损害——恐怖主义造成的悚栗，刑事犯罪造成的惊慌，道德沦丧造成的焦虑——或来自各级政府或团体施加在普通人身上的威胁。这两种政治恐惧有别于个人恐惧，是由于它们由社会发散出来或将给整个社会带来后果。"[1] 不过，政治恐惧和个人恐惧并不能这样二元地区分，个体的情感很难说哪一部分来自个体自身，个体恐惧也常常受到政治和社会层面的影响。

与罗宾不同，本书从个体与危险（或风险）之间的关系出发，将恐惧划分为三种类型。恐惧都来源于对危险的感知，但有的危险是直接面临的，有的却是想象的、预期的。基于危险的特征，恐惧可以被这样划分：第一种恐惧来源于已经发生的、个体直接面临的危险，个体已经涉险，恐惧的情绪迫使其采取措施摆脱险境。第二种恐惧来自对某种环境的感知，这种环境因正在发生某种风险事件而被感知为危险的。个体虽尚未直接面对这种风险，但随时可能与之相遇，比如流行的传染疾病带来的社会恐慌就属于这一种类型，病毒的传染形成了一个危机四伏的环境。第三种恐惧源于想象中的恐惧，风险尚未发

1　柯瑞·罗宾：《我们心底的"怕"：一种政治观念史》，叶安宁译，上海：复旦大学出版社，2007年，第3页。

生，亦尚未形成某种直接的风险环境，但人们会基于已有的观念认为如果事情发生就会带来风险，这就会产生想象中的恐惧，会因此提前采取措施阻止事情的发生，比如在关于叙利亚难民的讨论中，一些舆论就会将叙利亚难民建构为"危险的他者"，影响了对难民的态度及采取的政策。这三种类型，在恐惧的表达，与社会、媒介的关系以及将带来的政治和社会后果方面，都是不同的。

应该如何理解恐惧？学界对恐惧的研究主要有两种路径，这与前文指出的情感研究的两种路径是一致的。一种可以被称为"生物决定论"，这一视角把恐惧视为人类的基本情感（primary emotions），即"那些假定为在人类神经解剖系统中具有固定配置的感情唤醒状态"[1]，是人类面对危险的本能反应。但生物决定论忽视了情感和社会文化之间的关系[2]，遭到诸多批评。"社会文化建构论"是理解恐惧的第二种路径，它在个体恐惧与社会文化之间建立了关联，将恐惧看作"被文化、制度、习俗所模塑的一种存在"[3]。每个人都生活在特定的社会文化中，个体在与社会文化的互动中形成自己的情感，习得情感体验和情感表达的方式。恐惧虽然常被视为"一种在人与动物

1　乔纳森·H.特纳：《人类情感：社会学的理论》，孙俊才、文军译，北京：东方出版社，2009 年，第 1—2 页。

2　Reddy，W. M.，*The Navigation of Feeling：a Framework for the History of Emotions*，Cambridge：Cambridge University Press，2001.

3　张慧、黄剑波：《焦虑、恐惧与这个时代的日常生活》，《西南民族大学学报》2017 年第 9 期，第 7 页。

身上共同存在的原初情感"[1]，但它背后其实包含着丰富的社会、文化因素。

恐惧是人们在社会中习得的，所罗门指出："恐惧有许多不同的种类。有些恐惧在很大程度上是'盲目的'神经反应，但另一些则涉及相当的复杂性和学习过程。"[2] 人们的恐惧对应着恐惧之物。什么是危险的，这样的危险会带来什么样的后果，对于这些问题的判断，是形成恐惧必不可少的前提。这些判断背后包含了社会观念、文化观念等认知元素。因此，恐惧不只是人的本能反应，它可以被理解为后天习得的惯习[3]。当认知元素产生频繁变动时，人们无法掌控风险，恐惧就更容易发生，这也就解释了恐惧文化与现代社会的不确定性之间的密切关联。恐惧源于不确定性，鲍曼甚至认为，恐惧是我们给不确定性起的名字，我们对于威胁以及能做什么是无知的[4]。现代社会的"不确定性"也是分析恐惧文化的核心线索。

恐惧文化的形成还与媒介的发展密切相关，"一种文化的传播技术与人们如何理解和表达自己与他人的感受有着复杂的关

---

1 范昀：《恐惧时代的公共性重建：努斯鲍姆论公共生活中的恐惧》，《学海》2019 年第 4 期，第 76 页。

2 Solomon，R. C.，*True to Our Feelings：What Our Emotions Are Really Telling Us*，New York：Oxford University Press，2007，p. 36.

3 Scheer，M.，"Are Emotions a Kind of Practice（and Is That What Makes Them Have a History）? A Bourdieuian Approach to Understanding Emotion，" *History and Theory*，2012(51)：193－220.

4 Bauman，Z.，*Liquid Fear*，Cambridge，UK：Polity Press，2006，p. 2.

系"[1]，媒介影响了人们对于风险、恐惧的理解和表达。上文划分了三种类型的恐惧，后两种都不是源于直接经历的危险。人们没有直接面临某种危险，却依然能够感受到危险带来的恐惧，主要原因就在于媒介。媒介推动恐惧情绪的形成与扩散，而恐惧在扩散的过程中，进一步影响了人们的态度与行为，塑造着社会秩序。因此，对媒介的分析是理解恐惧文化必不可少的部分。

基于以上关于恐惧的讨论，本书试图回答的核心问题是：为什么恐惧文化会在晚期现代社会流行？它有什么政治和社会后果？接下来的讨论主要围绕以下三部分，即现代社会的不确定性与恐惧文化、媒介化与恐惧文化的形成、恐惧文化的政治与社会后果。

二、 不确定性与恐惧

恐惧是人类的基本情感，自古就存在于人类社会中，但它还与特定的社会、文化相关，其社会文化意义在于它的生产特性和情感力量。[2] 社会文化建构论的视角将情感视为社会文化的产物，特定情感的变化与社会文化的变迁有关。都铎（Tudor, A. A.）认为，环境、文化和社会结构在构建恐惧的过程

---

1 Malin, B. J., *Feeling Mediated：A History of Media Technology and Emotion in America*, New York and London：New York University Press, 2014.

2 Jeffries, F., "Mediating Fear," *Global Media and Communication*, 2012, 9(1)：44.

中发挥着广泛的构成性和跨个体的作用，是个体在感到恐惧时必然利用的集体资源[1]。在社会建构论的视角下，恐惧也可以"被看成是习得的、社会建构的，是被文化、制度、习俗所模塑的一种存在。当遇到现实的、想象的或者是被建构的可怕之物，恐惧便会出现"[2]。社会建构论有助于理解恐惧文化的形成。那么，恐惧文化更容易出现在什么样的社会呢？换言之，为什么到了晚期现代社会，"恐惧文化"出现了？我们需要分析现代社会的哪些特征促成了恐惧文化。

恐惧的情感源于一种不确定性。晚期现代社会是一个充满不确定性的世界，人们拥有更多的自由、获得了某些安全，但同时也失去了稳定的道德、社会秩序和安全感。鲍曼在《后现代性及其缺憾》一书中就讨论了这样的话题。[3] 我们身处一个充满不确定性的时代。新科技带来的风险、频繁发生的政治冲突、公共卫生危机……各种类型的未知危险无处不在。面对它们，人们会产生一种无力感。不确定性是现代社会非常重要的特征。现代社会的发展，一方面是让原有的"不确定性"变成确定的东西。我们发明了更先进的医疗技术，让之前难以救治的疾病被治愈；我们也更有能力面对自然界中的不确定性，减少了自然灾难；日益严密的监控技术也让一些危害人们安全的

1　Tudor, A. A., "(Macro) Sociology of Fear?," *The Sociological Review*, 2003, 51(2): 251.

2　张慧、黄剑波：《焦虑、恐惧与这个时代的日常生活》，《西南民族大学学报》2017年第9期，第7页。

3　齐格蒙·鲍曼：《后现代性及其缺憾》，郇建立等译，上海：学林出版社，2002年。

犯罪行为被控制。这些都使得现代社会变得更加安全。

另一方面，现代社会也产生了新的不确定性。生活在传统社会中，人们对于周身世界拥有较强的可控性，每天打交道的多是"熟人"，社会有着较为稳定的道德观念，发展缓慢的技术也是每个人可以理解之物，周身世界向人们呈现出有序的、可控的图景。但是在现代社会，周身世界日益脱离主体自身，随时可能成为风险的来源，这就可能会带来新的恐惧。鲍曼指出："正是对现时的不安和对未来的不确定孵化并哺育了众多恐惧中最令我们无法忍受的那些。而这种不安和不确定则产生于我们的无力感：不论是单个、几个或者集体，我们似乎都不再能掌控生活。"[1]

例如，科技让人们对自然、对危机有了更多的控制能力，自身却变成了新的风险来源。日益先进的科技已经成为绝大多数人无法理解也无法掌控的东西，对它们的把控成为少数专家的权利。由此，对大多数人来说，科技就带来了无法预料的风险，核武器、转基因、基因编辑技术等，都成了人们的恐惧对象，是现代恐惧话语不可忽视的构成元素。政治事务也远非周身之事，而是成为国际事务，现代政治的复杂性在很多问题上超出了普通人可以理解和把握的范围。对政治的不信任、频繁发生的政治冲突、造成大量人员死亡的战争，也成为晚期现代社会的恐惧之源。跨文化、跨国界交往范围的扩大和频繁，让

---

1 齐格蒙特·鲍曼：《流动的恐惧》，谷蕾、杨超等译，南京：江苏人民出版社，2012年，第33页。

人们不得不面对在文化、道德规范、宗教信仰上和"我们"不一样的陌生人，对于他们不确定性的感知和由之而来的恐惧，影响了国际政策，比如难民政策。

现代社会个体的流动也在加速，传统的社会网络和共同体日益解体，个体认同处于急剧变动和不稳定之中，这增加了恐惧出现的可能性，如杰弗里斯（Jeffries，F.）所言，"社会安全网的瓦解、不断升级的暴力和对失去共同体的日益绝望都被认为是恐惧增加的原因"[1]。失去共同体之后，个体成为风险直接的和主要的承担者，不得不独自面对随时可能出现的风险，人们会产生一种无力应对的感受，这加剧了人们的情绪负担。鲍曼指出，"环境总是如此变化多端，没有定势，但解决由此而生的各种困境之责却落到了个体头上——个体被期望成为'自由抉择者'，而且应该为自己的选择负全责。个体抉择所面对的风险是由一些超出个体理解及行为能力的力量所致，但是个体却要为任何的风险失误买单。"[2] 现代社会的个体化趋势让风险和恐惧成为难以承受之重。

不确定性还增强了恐惧的自我繁殖能力。人们在面对确定的来源或者已经发生的危险时，会尽力思考应对的策略，因而容易运用自己的理性。当走在山间突然遇到一头猛兽时，我们

1　Jeffries, F., "Mediating Fear," *Global Media and Communication*，2012，9(1)：44 - 45.

2　齐格蒙特·鲍曼：《流动的时代：生活于充满不确定性的年代》，谷蕾、武媛媛译，南京：江苏人民出版社，2012年，序言第4页。

会在短暂的慌乱之后迅速思考逃生的策略，这就是来自确定风险源的恐惧带来的影响。而不确定性让风险无影无形，既无处不在，又无从把握。转基因食品是否有风险、病毒在何处，这些都是不确定的事情，带来让人难以应对的恐惧。鲍曼指出了恐惧的危害与不确定性之间的关系：

> 恐惧最令人恐慌之时，是在它弥漫开来、呈分散之势时，这时的恐惧模糊不清、无依无支、自由飘荡，谁也不知它从何而来又当如何处置；恐惧莫名其妙地困扰着我们，我们所害怕的威胁似乎处处可窥见，却又无处得见。"恐惧"是我们给予这种不确定性的名号，我们以之称呼我们的无知。[1]

为了应对不确定性，现代社会又在努力发展各种预测和探查风险的技术手段，专家、公共媒体都会依据特定的知识和经验来预测未来的风险。但有些知识并不是确定的，以此来形成的风险判断也是不确定的。人们不确定风险发生的概率有多大、何时会出现，这在很多情境下都会加剧人们的恐慌情绪。对于风险的预测，在政治领域、经济领域、公共卫生领域、教育领域都存在。人们相信"凡事预则立，不预则废"，事先准备已经成为现代社会日常生活的一部分。人们试图依据各种碎片化的知识来预测风险并提前做好准确。只不过，日常化的预

---

1 齐格蒙特·鲍曼：《流动的恐惧》，谷蕾、杨超等译，南京：江苏人民出版社，2012年，第 2 页。

测并不能缓解人们的焦虑和恐惧情绪，相反，它造成了想象的风险无处不在，塑造了现代社会的恐惧体验，"从心理学的角度来看，极端的恐惧和愤怒往往是预测"[1]，并且预测还促使"猜测思维"（speculative thinking）和"最坏情况思维"的形成，这两种思维导致人们"热衷于猜测可能会出问题之处"，以"最坏的情况"来判断事物的价值并做出决策[2]。当风险无处不在又难以准确预料的时候，安全就成了人们处理事物的模式。在现代社会，安全成为社会的核心追求，"从安全角度对一切事物进行评估是当代社会的一个决定性特征"[3]。

在大众文化的推动下，恐惧成为一种流行的社会情绪[4]，越来越吸引人们的关注。许多行动者，包括专家、大众媒体、商业机构、政治机构、非政府组织等，都试图通过唤起"恐惧"而赢得公众的注意力，甚至把恐惧当作营销的手段，以推动相关政策的变革[5]，或者让商品更容易被销售。这就是现代社会常见的恐惧诉求，它"经常被用作一种策略，为的是引起人们对某个问题的关注，以及敦促人们赶紧付诸行动。这些如

---

1 Glassner，B.，*The Culture of Fear：Why Americans are Afraid of the Wrong Things*，New York：Basic Books，1999，p. xxvi.

2 弗兰克·菲雷迪：《恐惧：推动全球运转的隐藏力量》，吴万伟译，北京：北京联合出版公司，2009 年，第 159—162 页。

3 转引自 Tudor，A. A.，"(Macro) Sociology of Fear?，"*The Sociological Review*，2003，51(2)：244。

4 Jeffries，F.，"Mediating Fear，"*Global Media and Communication*，2012，9(1)：39.

5 Rossin，A. D.，"Marketing Fear：Nuclear Issues in Public Policy，"*American Behavioral Scientist*，2003，46(6)：812 - 821.

今已被作为影响人们行为的合法工具，得到了宣传家、选举操盘手、政客及恐惧推手的广泛认可"[1]。组织、机构、个体向社会传播的风险从诸如恐怖主义和科技后果等类型的宏大灾难，到日常生活中无处不在的危险，应有尽有。大多数被营销的风险都是不确定的风险，看不到，摸不着，但又被建构为随时可能出现在我们身边的风险。在恐惧营销塑造的想象图景中，现代社会充满了风险，与此相应的是，"恐惧现已深入我们的生活，渗透到我们日常的生活规律当中"[2]。

三、 媒介化与"恐惧"的文化

现代媒介在恐惧文化的形成中扮演何种角色？菲雷迪说"媒体，尤其是社交媒体，几乎应该对恐惧文化负有全部责任"[3]，此言虽有些夸张，但若说媒体负有重要责任，应不为过。形形色色的危险带给人们恐惧的感受，有的是正在遭遇的，有的则是可能遭遇的。人们具体遭遇到的风险总是有限的，许多风险距离特定的人群并不是近距离的，但它们依然能够引发人们的恐惧，这离不开现代媒介的中介作用。在恐惧文化盛行的社会，人们体验到的大多数恐惧并不是来自真实面临

1　弗兰克·菲雷迪：《恐惧：推动全球运转的隐藏力量》，吴万伟译，北京：北京联合出版公司，2009 年，第 102 页。
2　齐格蒙特·鲍曼：《流动的时代：生活于充满不确定性的年代》，谷蕾、武媛媛译，南京：江苏人民出版社，2012 年，第 12 页。
3　弗兰克·菲雷迪：《恐惧：推动全球运转的隐藏力量》，吴万伟译，北京：北京联合出版公司，2009 年，第 11 页。

的威胁,"当代社会强调的恐惧完全不像过去那样基于直接的经验"[1],努斯鲍姆也看到了人类恐惧的这种想象特征,认为"动物的恐惧建立在直接危险的事实基础上,人类的恐惧则常常建立在想象的危险中"[2]。基于人类恐惧的这一特征,学者使用"真实的威胁"与"想象的恐惧"[3] 两个概念来描述恐惧体验与真实威胁之间并不完全对应的关联。媒介就是人们形成"想象的恐惧"必不可少之物。

人们通过各种感官来感知外在世界,形成恐惧的想象。人类的感官并不纯粹是生理性质的,而是"不断受到技术的塑造",[4] 在这一点上,麦克卢汉(McLuhan,M.)说得直白而形象。他认为,媒介是人的感官的延伸[5],媒介延伸了人们的听觉、视觉,进而改变了社会与文化。在这个"万物皆媒"的时代,媒介已经成为我们接触世界的眼睛和耳朵,人类的感官体验也因为媒介而日益融合在一起,"你"所见即"我"所见,"你"所感即"我"所感。在这样的媒介环境中,世界各地的各类风险都通过媒介的图像、话语进入我们的感官之中,恐惧

1 弗兰克·菲雷迪:《恐惧:推动全球运转的隐藏力量》,吴万伟译,北京:北京联合出版公司,2009 年,第 14 页。

2 范昀:《恐惧时代的公共性重建:努斯鲍姆论公共生活中的恐惧》,《学海》2019 年第 4 期,第 78 页。

3 两个概念转引自 Jeffries, F., "Mediating Fear," *Global Media and Communication*, 2012, 9(1):40。

4 孙玮:《融媒体生产:感官重组与知觉再造》,《新闻记者》2019 年第 3 期。

5 马歇尔·麦克卢汉:《理解媒介:论人的延伸》,何道宽译,北京:商务印书馆,2000 年。

可以便利地通过媒介传染，塑造焦虑感，令人感到害怕。恐惧的传播机制在传统社会和现代社会中有着显著区别。孔飞力（Kuhn，P. A.）在《叫魂》中讨论了谣言传播中的恐慌情绪。在妖术大恐慌发生的乾隆时期，恐惧主要通过人际传播，附着在各类谣言之上。虽然关于巫术的谣言引发了较大规模的社会恐慌，但其传播范围、速度都无法与现代社会相比。现代社会中发达的大众媒介为恐惧的跨空间传播提供了便利。在媒介的作用下，全球的风险图景以拼贴的方式汇聚在一起，成为人们每天都能看到、听到和感受到的东西。

　　恐惧在传染的过程中，穿越不同的社会文化，可能会引发不一样的、难以预料的后果，阿什德（Altheide，D. L.）认为，"对危险的恐惧并不可怕，可怕的是这种恐惧蔓延至何处，又演化为何物"[1]。恐惧在扩散的过程中，可能会相互激发而变得更为剧烈，形成大规模的社会恐慌，因为恐惧会激发更多的恐惧；也可能会造成不同文化和群体之间的冲突加剧，"相互隔离、保持距离、设置深沟高垒、设置具有侮辱性的回音室之类的策略所"，会导致相互猜疑和疏远，并让矛盾积累。[2] 全球规模的流行性传染病初发阶段，在恐惧的扩散过程中，恐惧的对象不断发生变化，从对病毒的恐惧转向对身边陌生人的恐惧，

1　转引自齐格蒙特·鲍曼《流动的时代：生活于充满不确定性的年代》，谷蕾、武媛媛译，南京：江苏人民出版社，2012年，第12页。
2　齐格蒙特·鲍曼：《门口的陌生人》，姚伟等译，北京：中国人民大学出版社，2018年，第18—19页。

后来又演变成对外来人的排斥和国家之间的隔离。目前可以看到的是，恐惧的传染正在塑造着国际政治的格局。

恐惧的传染虽与媒介直接相关，但传染机制是怎样的、扩散的路径是什么，学界尚未有充分的研究，在此可以简要地分析。情感的流动需要行动者、媒介和资本。行动者基于不同的目标传播情绪，资本不同，情感传播的速度、范围也不同。掌握更多经济资本、文化资本的群体，拥有传播情感的更大权力。恐惧的传播、扩散机制，是一个值得进一步讨论的问题。

在充满不确定性的时代，媒体成为人们获得确定知识、形成秩序感的来源。但媒介自身的取向又使得它成为不确定性的传播者。依据帕克（Park，R. E.）的观点，新闻也是一种知识[1]。媒体通过对各种事件的报道给我们提供关于危险和安全的知识。什么样的食品是有风险的，什么样的群体可能对社会造成伤害，疾病是如何传染的，转基因可能带来的危害是什么……诸如此类的问题，媒体都可以通过新闻报道给出其答案，影响人们的认知。然则，媒体对新闻报道有着自己的"常规"，它包含了媒体对新闻价值的判断，比如新奇性。媒体对于新奇性的追求，会使得它将偶然的或低概率的事件塑造成日常生活的一部分，这可能放大了特定的风险，增强了人们的恐惧感。既然营造恐惧是营销的重要策略，那么媒介也会积极地诉诸恐惧，引发人们的关注，"展示各种对于个人安全的威胁则

---

1 Park，R. E.，"News as a Form of Knowledge: A Chapter in the Sociology of Knowledge," *American Journal of Sociology*，1940，78(1): 9 - 47.

成为大众传媒在收视率战争中的重要武器。通过不断充盈恐惧的资本,媒体更加强了恐惧在营销和政治中的作用"。[1]

发达的现代媒介拥有更为丰富的方式来描绘风险。它可以通过图像、语言、声音等符号系统,以最为直接的方式将各种风险带到人们面前。比如,"9·11事件"中双子大楼被摧毁的视频在世界范围内播放,战争的图像在全球传播;环境污染造成的恐怖后果也通过媒介直接刺激人们的感官。在媒体的报道下,恐怖主义、公共安全、自然灾难、经济危机、流行疾病等似乎都成了人们日常生活的一部分。人们被各种关于风险的认知和想象包围,甚至有学者感叹:"媒体每天都在为我们制造新的怪物,并以新闻的形式将它们呈现出来,这些新闻与对死亡的恐惧、全球变暖、资源限制、跨境恐怖、热爱圣战、石油危机、粮食危机、水危机等相关。似乎每一天都是一场关于小危机和大危机的战斗,没有结束,也没有解决,但是在媒体为我们创造的世界范围内,把我们包围起来。"[2]

然而,试图通过媒体获得确定性知识的努力经常是无效的。这与媒体的知识形态有关。以新闻、图像、图片等形式存在的知识总是零散的,它难以像体系性的知识那样为人们提供稳定的认知和观念。新闻形态的知识是碎片化的,并且常常是

---

1 齐格蒙特·鲍曼:《流动的时代:生活于充满不确定性的年代》,谷蕾、武媛媛译,南京:江苏人民出版社,2012年,第16页。
2 转引自 Jeffries, F, "Mediating Fear," *Global Media and Communication*, 2012, 9(1): 40。

相互冲突的，新的科技是否有风险、如何保持健康、战争是否会发生，不同媒体对这些问题会提供不尽相同甚至相互矛盾的答案。人们不仅难以获得确定感，相反，置身在杂乱的信息和支离破碎的媒介信息中，反而会变得更加无所适从，焦虑感加剧。大众媒介在消除部分不确性的同时，又生产了新的不确定性。

媒介提供的不仅是关于风险的具体知识，它还给了人们一套理解危险、感受和表达恐惧的文化系统。该系统也可以被理解为"文化脚本"（cultural script），它"描述了人们对威胁做出的反应，并为社会提供应对恐惧的语言和意义系统"[1]。人们对恐惧的体验和表达恐惧的方式都受到有关恐惧的文化脚本的塑造。面对可能的风险，人们是持有乐观还是悲观的态度，是以安全为模式来应对，还是鼓励冒险的精神，这些都与文化脚本有关。当面对一些陌生群体时，不同文化环境中的人们会产生不同的反应，也会形成不同程度的恐惧，这背后起主导作用的就是社会的文化系统，它把某些群体或事物建构为应该恐惧的对象。媒介就是文化系统中的重要机构，它通过各种符号的架构来建构人们对于恐惧的理解和感受，告知人们危险的本质是什么、危险的程度有多严重。

---

1 弗兰克·菲雷迪：《恐惧：推动全球运转的隐藏力量》，吴万伟译，北京：北京联合出版公司，2009年，第16页。

　　媒体还会宣传解释社会经验的一种语言和一套符号系统[1]，面对新出现的风险，人们需要解释，才能获得某种安全感或减少不确定性。解释包括多种类型，在现代社会，最常见的就是基于科学框架的解释，无论是流行疾病带来的风险，还是环境污染的危害，科学话语都至关重要。媒体也是科学解释框架的主要传播者。除了这一框架，媒体还会使用其他的语言系统。比如，面对诸如流行病毒之类的公共卫生危机，媒体常常使用和传播带有"战争"隐喻的语言和符号，经过媒体的普及，"战争"的隐喻构成了理解公共卫生危机的框架，塑造了我们的恐惧体验；而"战胜"之类的话语则是情感治理的需要，一边建构恐惧，一边又供给信心，特别是当面对自然灾难之时。正如菲雷迪所言，"媒体的主要成就是为公众提供一个不断演变的脚本，告诉人们该如何体验全球威胁并做出反应。"[2]

　　互联网、移动通信等媒介是分析恐惧文化不可忽视的力量。网络促进了恐惧的跨空间流动，"在高度媒介化的全球化背景下，关于恐惧的观念在网络社会中得到传播，使人们的恐惧和不安全感的体验直接或间接地联系在一起"[3]。通过互联网，恐惧能够在全球范围内传播。关注恐惧的全球流通方式有助于分析恐惧，特别是在超-媒介化（hyper-mediatized）的现代性

1　弗兰克·菲雷迪：《恐惧：推动全球运转的隐藏力量》，吴万伟译，北京：北京联合出版公司，2009年，第17页。

2　同上书，第14—15页。

3　Jeffries, F., "Mediating Fear," *Global Media and Communication*, 2012, 9(1)：39.

背景下[1]。根据卡斯特（Castells，M.）的观点，今天来自各个角落的权力、恐惧和恐吓，是意义建构的过程，这一过程也生产了具体的权力关系[2]。分析恐惧需要关注围绕恐惧文化而形成的权力关系。媒介总是让某些群体的恐惧得以优先表达，而另一些群体的恐惧表达则被压制。媒介塑造的恐惧情绪也让政治和商业机构的权力运作更为顺畅。恐惧在全球的流通不仅使得恐惧文化在全球蔓延，还塑造了恐惧主体与恐惧对象的各种权力关系。在社交媒体中，有一些恐惧的对象是全人类共同面临的议题，比如环境风险、流行病毒；也有一些是某一群体针对另一群体所产生的恐惧，比如一些文化对于难民的恐惧，一些国家对于另一些国家的恐惧。这些恐惧因为社交媒介而得以更广泛地传播，并时常引发冲突和排斥。

社交媒介时代，传播的符号形态也发生了引人瞩目的变化。阿什德（Altheide，D. L.）指出，"恐惧的政治非常适合个人的、即时的和视觉的传播形式"[3]，而这些传播形式恰恰都是社交媒介的特征。首先，个人化的媒介使得恐惧的传播变得无孔不入，人与人的感觉连接在一起，每一位个体都可以把自己对灾难、危险的想象、感知和体验传播出去，汇合成恐惧的文化，恐惧的体验也变得碎片化。其次，即时的传播让恐惧变得

1　Jeffries，F.，"Mediating Fear，" *Global Media and Communication*，9（1）：45.

2　转引自 Ibid.，9（1）：43。

3　Altheide，D. L.，"Media Culture and the Politics of Fear，" *Cultural Studies*，2019，19（1）：3.

无时不在，恐惧的传播没有了传统媒体时代的延滞性。在急速扩散的过程中，恐惧容易变得更为强烈。最后，社交媒介汇聚了文字、图像和视频等传播形式，更容易唤起人们的情感。综合来说，社交媒介使得恐惧成为人们日常生活中随时可能遭遇到的、更为鲜活的体验，"在让我们的恐惧明显化、视觉化、戏剧化和特别个人化方面起到了推波助澜的作用"[1]。

与传统媒体相比，社交媒体上个人化的传播使得信息更加杂乱和碎片化，也就更具有不确定性，比较典型的是谣言问题。从定义上来看，谣言就是不确定的信息，难以证实亦难以证伪。在重大灾害事件发生的时期，谣言容易在社交媒体上流行。这是因为谣言与恐惧关系密切，相互促成。谣言的传播会造成恐慌的蔓延。重大事件带来的不确定感和恐惧是推动谣言传播的情感机制——因为惧怕，人们会努力寻求确定的信息，甚至选择相信谣言，本质上也是为了减少杂乱的信息带来的不确定感，在充满不确定性的世界中寻求确定性。人们相信板蓝根对于非典病毒的有效性，相信食盐有助于防范核辐射，这主要是因为人们想要在恐慌的氛围中通过寻找某种确定的信息来获得安全感。

在现代社会，恐惧不仅拥有更便捷的传染通道，还具有强大的自我繁殖能力，它不一定需要强大的推手，其自身就可以借助人类的心理和行为传播。鲍曼指出："恐惧现已深入我们的

---

[1] 弗兰克·菲雷迪:《恐惧:推动全球运转的隐藏力量》,吴万伟译,北京:北京联合出版公司,2009年,第17页。

生活，渗透进我们日常的生活规律当中。它不需要任何外来的刺激，因为它日复一日所激发的人类行为已为其复制自身提供了足够多的动力与能量。"[1] 非典时期抢购板蓝根、新冠肺炎疫情期间抢购双黄连，"抢"原本是为了减弱不确定性带来的恐惧，但在"抢"的行为中，恐惧又自我复制和自我增强，依靠每一次的"抢"而传染开来。

四、"恐惧"的政治与社会后果

恐惧在人类社会中一直"在场"，在现代社会，它"已经成为我们生活中不断扩张的一部分"[2]，塑造着现在，影响着未来。恐惧本身成了现代社会中人们阐释生活的视角，是普遍的世界观[3]。对于恐惧文化的研究也有助于我们理解自己身处的世界。恐惧不仅是对世界的体验，也是对世界的参与。[4] 人们的恐惧感催生改变的愿望，即消除不确定的风险，获得安全。在这一过程中，恐惧深刻地塑造了我们的政治生活和社会生活。

作为伴随人类社会的情感，恐惧自有其价值。尽管恐惧常

1 齐格蒙特·鲍曼:《流动的时代:生活于充满不确定性的年代》,谷蕾、武媛媛译,南京:江苏人民出版社,2012年,第12页。

2 Furedi, F., *Culture of Fear: Risk-taking and the Morality of Low Expectation*, London: Continuum, 2002, p. vii.

3 弗兰克·菲雷迪:《恐惧:推动全球运转的隐藏力量》,吴万伟译,北京:北京联合出版公司,2009年,第143页。

4 Solomon, R. C., *True to Our Feelings: What Our Emotions Are Really Telling Us*, New York: Oxford University Press, 2007, p.32.

被视为人的一种本能反应，但也具有认知的功能，蕴含着人们对风险的评估，引导着人们对于事物的判断，"为我们提供了关于这个世界的基本信息，也就是说，这个世界至少在某些时候是危险的"。[1] 就其产生而言，恐惧至少包含如下认知因素：风险是存在的并且随时可能遭遇；风险的程度是严重的；风险的应对方式是不确定的。恐惧的认知功能引导人们规避和应对风险，避开危险的道路，如有学者指出，"恐惧可以归因于可能会发生不幸的感觉。因此，情感反应可以被视为告诉了我们某些事情，并为我们解决社会和政治挑战提供了见解和指针。"[2] 所罗门甚至认为，"惧怕的能力是我们最重要的资源"[3]。

恐惧也是行动者参与和介入世界的方式[4]，它帮助人们创造关于安全的意义，影响着国家政策和人们的行动。在急速变化的社会中，恐惧有助于人们应对不确定的、未知的风险，维系共同体的稳定性，减缓社会的剧烈变革带给人们的心理冲击。政治学领域也常把恐惧当作可资利用的积极资源[5]，它是人类社会道德和法律存在的基础，没有恐惧，法律的惩罚也就

---

1 Solomon，R. C.，*True to Our Feelings：What Our Emotions Are Really Telling Us*，New York：Oxford University Press，2007，p. 29.

2 Bleiker，R. & Hutchison，E.，"Fear No More：Emotions and World Politics，" *Review of International Studies*，2008（34）：124.

3 Solomon，R. C.，*True to Our Feelings：What Our Emotions Are Really Telling Us*，New York：Oxford University Press，2007，p. 29.

4 Ibid.

5 范昀：《恐惧时代的公共性重建：努斯鲍姆论公共生活中的恐惧》，《学海》2019 年第 4 期，第 74—82 页。

没有了威胁，丧失了价值。施克莱（Shklar，J.）提出"恐惧自由主义"，主张恐惧可以把人们团结起来反对残暴、不正义，避免政治实验和冒险。[1]

但恐惧与恐惧文化对社会的影响是不同的，不能把二者混为一谈。恐惧更多是在个体的情感和情绪层面被讨论。恐惧文化指的则是在现代社会，"安全"成为这个充满不确定性的时代的价值观，与之相呼应的是，对恐惧的渲染、营销无处不在。恐惧已经成为主导人们行为的逻辑，成了人们认知世界和评判政策的框架。恐惧文化意味着恐惧自身已经成为现代社会的一种文化，在这样一种文化中，不同的行动者都倾向于通过唤起恐惧来获得支持，无论是政府、社会组织，还是媒体、企业、专家，都在传播风险的图景，通过唤起公众的恐惧来获得对政策、新技术、新理念、新商品的支持。当恐惧成为一种思考问题的框架时，一些后果就难以避免了。

（一）恐惧、风险应对与社会变革

恐惧在帮助人们应对风险的同时，也塑造了人们对于"变革"的态度。当风险是不确定的时候，为了确保安全，人们会阻止不确定风险的出现，这是社会应对风险的方式。这一方式塑造了人们对于"变革"的理解。变革就意味着某种不确定性

---

1 转引自弗兰克·菲雷迪《恐惧:推动全球运转的隐藏力量》,吴万伟译,北京:北京联合出版公司,2009 年,第 171 页。

的出现，变革的时代也是容易产生焦虑和恐惧的时代。人们对变革的代价产生恐惧，就会阻碍变革的进程。在人类因为恐惧而尽力减少不确定性的同时，也缩减了进步的可能性。全球化的过程展示了恐惧对变革的影响。全球化的发展曾被认为是不可阻挡的趋势，它将世界各国的人们紧密地联系在一起，促进不同群体之间的交往，加快商品的流通，提高经济发展的速度，但全球化也产生了一些负面的后果，比如外来移民带来的本土人员工作机会减少，充满不确定性的陌生人带来的风险和威胁。当这些负面后果成为人们难以克服的恐惧对象时，反全球化的浪潮便愈演愈烈。

恐惧的影响不仅仅体现在人们对变革、变化的态度，还包括对新的事物的认知。一些新科技的应用会引发人们的恐慌，并影响对这些议题的公共讨论。比如在转基因食品、核能应用这些议题上，恐惧的情感就引导着人们对这些技术价值的判断，影响着发展方式的选择。一些社会团体会激发人们的恐惧情绪，以影响公共政策和变革的进程。例如，围绕核能的使用争论不休，反对的一方多是诉诸核能可能带来的极大危害，唤起人们对核能的恐惧，"谈核色变"，最终影响国家对核能的使用。在环境保护领域，大众传媒、环保团体等也通过话语、图像等方式呈现环境问题的危害，塑造公众的恐惧情绪，进而影响技术的应用。当然，这并不是说变革就一定是正确的，此处讨论的是恐惧如何影响了人们对于变革的理解和选择。恐惧在公共辩论和公共决策中占据一席之地，就像霍布斯（Hobbes,

T.）所认为的，恐惧会在公共辩论和决策中留下强有力的印记[1]。恐惧会减缓甚至阻止人们对于新事物的接受，具有代表性的例子或许就是"道德恐慌"（moral panic）。人们对一些越轨文化、新的道德现象容易产生恐慌，甚至视其为"民间恶魔"（folk devils），加以排斥和抵制。道德恐慌影响了人们对于这些现象的接受以及关于这些现象的公共话语和公共讨论[2]。

（二）恐惧与社会排斥

"情感引导着我们认识世界"[3]，恐惧也指引着人们对于这个充满不确定性的世界做出判断和理解。尤其是在现代社会，不确定性导致风险的弥漫，"想象中的危险"无处不在，人们担忧危险随时到来，可能是在和陌生人接触的瞬间，也可能是新科技被发明出来的时刻。在不确定的环境中，人们会倾向于放大风险，以更激进的方式来应对它，尽力确保自身的安全。恐惧文化促使人们对风险作出反应，发展出许多应对风险的方式。一种常见的方法就是歧视和排斥一些与"我们"不同的群体。一些政治和文化观念认为，与"我们"不同的群体就意味着未知的风险。处于对他人恐惧中的人们会形成"我们"的意

1 Bleiker，R. & Hutchison，E.，"Fear No More：Emotions and World Politics," *Review of International Studies*，2008（34）：119.
2 Cohen，S.，*Folk Devils and Moral Panics：The Creation of the Mods and Rockers*，London and New York：Routledge，2011.
3 Solomon，R. C.，*True to Our Feelings：What Our Emotions Are Really Telling Us*，New York：Oxford University Press，2007，p.3.

识，通过"抱团"来削弱他者的威胁。萨拉·艾哈迈德（Ahmed，S.）认为，厌恶的表达"让那些通过共同谴责一件恶心的事物或事件而团结在一起的人形成了一个群体"[1]，共同谴责一个对象，一起惧怕某事或某个群体，也会让人们团结起来，建构"他者"。

恐惧这种情感内在地含有对"一切人"的排斥。恐惧会促使人们消灭恐惧的来源，以确保自身的安全，这就有可能走向政治和社会排斥，乃至合法化暴力的使用。许宝强指出："恐惧的政治指向的，是尝试消灭引起恐惧的源头，从而产生各种拒外排他的思想和行动，甚至诱发集体的妒恨（resentiment），也就是一种糅合无力感、嫉妒与怨恨的情感状态，从而衍生各式针对特定对象的报复践行。"[2] 当外在世界的任何人都可能成为恐惧的对象时，人们会倾向于不断地退缩到自己的世界里。

努斯鲍姆甚至把恐惧视为一种"高度以自我为中心的情感"，"本质上是一种自恋的情感，它只关注自身的安全，不关注他人的存在"[3]。恐惧蕴含着的对"一切人"的排斥和高度的自恋特征，会造成公共生活的萎缩，"内心充满恐惧者很有可能退出公众生活，而不太会积极主动地努力实现团结；依靠恐惧诉求建立起来的纽带不太可能凝聚起能战胜分裂和碎片化的公

1　转引自 Wahl-Jorgensen，K.，*Emotions，Media and Politics*，Cambridge：Polity Press，2019，p. 12。

2　许宝强：《情感政治》，香港：天窗出版社有限公司，2018 年，第 56 页。

3　范昀：《恐惧时代的公共性重建：努斯鲍姆论公共生活中的恐惧》，《学海》2019 年第 4 期，第 77 页。

共精神"[1]。在这一点上，桑内特也有类似的论述。公共人的衰落源于人们对于城市中陌生人的恐惧。因为陌生人意味着可能的风险，人们不愿意与陌生人交流，开始从公共生活中退缩，寻求亲密关系的温暖。[2]

对他人的排斥可能形成一种不宽容的政治。现有研究已经指出，不宽容与恐惧相关[3]，政治的不宽容是对恐惧和焦虑的反应[4]。恐惧的情绪不仅会造成社会排斥，还会为这些排斥辩护。面对风险和恐惧，尤其是类似政治冲突、恐怖主义、流行疾病之类的风险，人们会倾向于将一些群体建构为危险的存在，进而排斥他们，方式有多种，比如划界、污名化、驱逐，甚至暴力消灭。一些类型的群体更容易被排斥，尤其是那些与"我们"不同的群体，这种不同可以体现在许多方面，比如文化、道德规范、宗教信仰、肤色、阶层等。佩因（Pain，R.）与史密斯（Smith，S.）认为，一些人群更容易被标签化为应该被恐惧的对象，比如移民、青年、穷人，以及那些在社会和空间意义上被指定的"外来人"，他们也因为被"妖魔化"

---

1 弗兰克·菲雷迪：《恐惧：推动全球运转的隐藏力量》，吴万伟译，北京：北京联合出版公司，2009年，第172页。

2 理查德·桑内特：《公共人的衰落》，李继宏译，上海：上海译文出版社，2014年。

3 转引自 Gibson, J., Claassen, C., & Barceló, J., "Deplorables: Emotions, Political Sophistication, and Political Intolerance," *American Politics Research*, 2020, 48(2): 253。

4 转引自 Ibid., 48(2): 252。

（demonization）而体验着恐惧和危险。[1]

　　恐惧带来的政治排斥影响了西方的移民政策和对待其他国家的方式。在发达国家，一些人对移民的恐惧包含很多因素，例如移民导致本地人就业机会减少，"移民经常因为与传统的劳动力削价竞争以及压低工资而受到指责"，但也有数据显示，排外情绪与就业率之间只有微弱的联系。[2] 历史学家罗威指出，移民带来的真正威胁主要还是文化因素，"正如伊诺克·鲍威尔在 1960 年代的英国清楚表明的那样，这是一个数字的游戏。当黑人移民的比例在某些城市占到四分之一或三分之一时，他就将之称为'入侵'"。人们担心移民带来的威胁主要不是工作，而是被侵蚀的社区。[3] 到了 21 世纪，对移民的恐惧发生了新的变化，罗威认为，这种恐惧凝结成一种"元恐惧"，恐怖分子发起的一系列袭击，使得发达国家有了恐惧移民的理由："如今受到威胁的不仅是工作、社会和历史特权，还有整个西方文明"，这些恐惧并无新鲜之处，"它正是我们曾经对纳粹的恐惧，这种恐惧后来转移到对共产主义上，自冷战结束以来一直在寻找新的落脚之处"[4]。

1　Jeffries，F.，"Mediating Fear，" *Global Media and Communication*，2012，9（1）：44.

2　基思·罗威：《恐惧与自由：第二次世界大战如何改变了我们》，朱邦芊译，北京：社会科学文献出版社，2020 年，第 465 页。

3　同上书，第 465—466 页。

4　同上书，第 469—470 页。

（三）恐惧与权力的建构

杰弗里斯指出，"在主流公共领域（dominant public sphere）对恐惧进行记录和批判性分析，有助于揭示网络社会中权力形成的某些动态机制。"[1] 这句话点明了恐惧与权力形成机制之间的相关性。恐惧与权力密切相关，这包含两个维度，即恐惧维系权力的运作和权力生产恐惧。

恐惧是任何国家权力运作的必须。没有恐惧，人类社会的道德和法律就难以形成，也难以维系。霍布斯就将恐惧视为"为集体政治和道德基础进行辩护的重要来源"[2]，他说，"当破坏法律看来可以获得利益和快乐时，（除开某些天性宽宏的人）畏惧便是唯一能使人守法的激情"[3]。恐惧不仅促使公众服从法律和政治权威，也可以建构权力的合法性。政治统治者会塑造公众对外在风险（比如"他者"）的想象，进而造成他们对政治权威的依赖，让统治获得更牢固的基础。基于此，政治权力不一定会积极地消除恐惧，鲍曼认为，"各国政府并不关心如何缓解它们的公民的焦虑。相反，它们更关心的是强化这种源于未来不确定性的焦虑，以及不安全的经常性和无处不在的焦

1　Jeffries，F.，"Mediating Fear," *Global Media and Communication*，2012，9(1)：38.

2　Bleiker，R. & Hutchison，E.，"Fear No More：Emotions and World Politics," *Review of International Studies*，2008(34)：119.

3　托马斯·霍布斯：《利维坦》，黎思复、黎廷弼译，北京：商务印书馆，2012年，第232页。

虑。因为那种不安全已成为各国政客们展示他们的肌肉、使自己在新闻媒体面前充分亮相的机会。"[1] 维克托·格罗托维奇（Grotowicz，V.）甚至一针见血地指出——"恐怖分子，国家权力的朋友"[2]。恐惧也让对他者的排斥、驱逐乃至消灭获得合法性。

恐惧的生产是一种权力。它产生于"威胁—恐惧"的权力关系，在这一关系中，社会优势阶层更有机会成为恐惧情绪的制造者和施加者，弱势阶层则更容易成为恐惧的体验者，因此，恐惧是一种不平等的情绪体验，以不同的频率和程度分配到不同群体中。[3] 恐惧如何被权力主体运用于对个体的治理乃至控制，值得探究。

在政治和社会动员中，恐惧是一种有效的情感资源，甚至有学者认为，"在一切都是技术统治的社会中，基于恐惧（on the basis of fear）是动员人们的唯一方式"[4]。比如反对恐怖主义的政治动员，正是由于人们的恐惧情绪才得以开展起来的。"9·11 事件"之后，美国对内的动员频繁诉诸大众对恐怖袭击的恐惧。近年来，民族主义在全球兴盛，它的动员主要依赖于

[1] 齐格蒙特·鲍曼：《门口的陌生人》，姚伟等译，北京：中国人民大学出版社，第31页。
[2] 齐格蒙特·鲍曼：《流动的时代：生活于充满不确定性的年代》，谷蕾、武媛媛译，南京：江苏人民出版社，2012年，第22页。
[3] 需要注意的是，本书并不是说所有的恐惧都是社会优势阶层施加给弱势阶层的情绪，恐怖袭击的制造者、网络空间中一些语言暴力和威胁，显然并不符合优势阶层和弱势阶层的划分，而是另外一种值得细致分析的权力关系。
[4] Zizek，S.，*Violence*，New York：Picador，2008，p.273.

两种情感：恐惧与愤怒，通过恐惧整合内部，借助愤怒"同仇敌忾"。恐惧甚至还可以成为牟利的工具，"不合理的恐惧经常被各种社会群体和组织用来牟利和发展"[1]。

从权力的角度来看，恐惧也是一把双刃剑，带来的后果也不是单一的。它可以作为政治动员的资源，政治机构通过建构公众的畏惧来推动政治目标的实现；又可以对政治形成制约，无法抑制的、大规模的社会恐慌有时会反过来对政治合法性构成挑战。恐惧虽然经常受到强势权力的建构，但又可以成为"弱者的武器"。恐惧既让人们服从于政治权威，又会带来对政治权威的不满。这提示我们，分析恐惧与权力之关系，不能是单一的维度，而应该在多维的权力关系中分析恐惧被谁建构、为谁赋权、挑战了谁，以及谁成了恐惧的对象。这些都是恐惧文化中值得进一步研究的议题。

---

1 Tudor，A. A.，"（Macro）Sociology of Fear?，" *The Sociological Review*，2003，51(2)：241.

第六章

"羡慕嫉妒恨"

变迁社会中的情感结构

在我看来，怨恨是人类苦难的最深重普遍的形式；它是支配者强加在被支配者身上的最糟糕不过的东西（也许在任何社会世界中，支配者的主要特权就是在结构上免于陷入怨恨之中）。

——布尔迪厄

一、 基调情感与感觉结构：理解变迁社会

中国改革开放创造了许多奇迹，国家的经济与科技实力迅速增强，个人的生活水平和收入也有了实质的提升。与此同步的是，整个社会的情感文化处于剧烈的变迁之中。本书探讨与资源分配相关的三种情感：羡慕、嫉妒、怨恨。这三个词语曾被组合为"羡慕嫉妒恨"被大肆使用，这是中国网络空间中的一个流行词，用来表示对别人拥有好东西的情感，类似的表达还有"酸""柠檬精""眼红"等。对羡慕、嫉妒和怨恨的探讨，将采用社会学的视角。许宝强指出，心理学对情感的探讨，是一种建基于个体由内而外的情感理论，社会学则是由外至内或是由集体到个体的情感理论。基于社会学的视野，"个人的情感主要经由社会建构，透过学习得来。也可以说，情感往往是通过社群集体'感染'给个体"[1]。人们的嫉妒、怨恨等体验，是在特定的社会结构和文化中习得的，背后反映了对于什么是公平、公正的认知。

一些概念可以帮助分析社会的情感文化。尼科·弗里达（Frijda，N. H.）区分了阶段性情绪（phasic emotion）与长期性情绪（tonic emotion），前者诞生于某起明显的事件之后，

---

1 许宝强：《情感政治》，香港：天窗出版社有限公司，2018 年，第 28 页。

且持续一段时间；后者来自个体长期的性情（dispositions）。[1]
这种区分对于理解变迁社会中的公共情感有一定的价值。在对
公共事件的分析中，阶段性情绪可以被理解为某一公共事件激
发的公众情感/情绪，而长期性情绪则可以被理解为公众长期
的情感状态，是具体事件中情绪产生的基础。2021 年，演员郑
爽涉嫌签订阴阳合同被曝光，偷税漏税、天价片酬议题引发社
会关注。网民频繁把郑爽 208 万元日薪与自己收入做比较，并
生产网络段子，以表达讽刺和不满。这一事件中的阶段性情
绪，就是被激发的愤怒，而长期性情绪则是长久以来人们对收
入分配不公的不满。

如果简单地对阶段性情绪和长期性情绪进行二元区分则会
忽视两者之间复杂的关联。大多数情况下，长期性情绪会影响
阶段性情绪，两者之间具有某种一致性，例如长期积累的公众
不满、不信任会导致公众在一些阶层冲突事件中更倾向于表达
愤怒；但在一些具体案例中，政府的回应、媒体的框架建构等
因素又可能使得公众表现出另一些与长期性情绪并不一致的阶
段性情绪。两者之间的具体关系需要更多的实证研究。

郝拓德（Hall，T.）与安德鲁·罗斯（Ross，A. A. G.）
注意到情感现象的复杂性，提出了一个用来分析国际政治中情
感的框架。这一框架并不仅仅适用于国际政治，也适用于对公

---

1 Frijda，N. H. *The Emotions*，New York：Cambridge University Press，1986，
  pp. 41 - 42. 转引自赫拓德、安德鲁·罗斯《情感转向：情感的类型及其国际关系影
  响》，《外交评论》2011 年第 4 期。

共情感的分析。郝拓德与罗斯的框架将不同类型的情感区分为基调情感现象（background affective phenomena）与状态情感现象（acute affective phenomena）。基调情感现象是"长期的情感性情，它存在于我们的日常生活中"，包含信念（convictions）、忠诚（allegiance）、情感定向（affective orientations）和情感氛围（affective climate）四种类型。

信念可以被界定为"个人或者团体坚定地相信这是一个怎样的世界，或者说这应该是一个怎样的世界"。信念不单单具有情感属性，其中既包含情感也包含认知。美国攻打伊拉克时，绝大多数美国人并没有去过伊拉克，也没有证据证明伊拉克拥有核武器，但不少美国人依然坚信伊拉克对美国构成了威胁。这就是信念。信念在当代中国的公共空间中也有着广泛的影响，比如当强势群体和弱势群体发生冲突时，人们通常会站在弱势群体的立场同情弱者，这背后也是一种信念。第二个是忠诚。在国际冲突的事件中，人们在情感上会天然地忠诚于自己的国家，它包含了一个长期形成的情感，很难用理性或非理性来界定。我们也可以把忠诚理解为认同。在一个事件发生之后，身份认同影响着人们的情绪体验。第三个是情感定向。郝拓德与罗斯认为，情感定向就是行为体习惯性地将情感价值附加在其他的行为体、理念或符号之上。比如，几年前的宝马车撞人事件中，人们的仇富心理会附加在"宝马"这一符号上。用日常的话来讲就是爱屋及乌、恨屋及乌。明星代言广告，便是借用了人们的情感定向：我们因为喜欢某个明星，进而喜欢他/她代言的产品。最后一个就是情感氛围。它是在社会中弥漫的情感气候。每一代人的情感氛围是不一样的。

状态情感现象是"暂时集中的、对所处情境的一种应急反应"，包含心境、指向情绪反应（directed emotional responses）与泛化情绪反应（indiscriminate emotional responses）三种形式。"心境"对应的英文单词是 mood，中文经常译为"情绪"。它没有一个明确的目标，而是突如其来的情绪。指向情绪反应是特定事件引发的，有着明确的来源。比如，在一些"辱华事件"发生之后，一些网民会产生愤怒的情绪，指向特定的国家或公司，这就是指向情绪反应。泛化情绪反应，没有明确的目标指向，比如突然的恐慌、难以预计的焦虑。

基调情感"塑造了我们的信仰、需求与喜好"，状态情感则"影响了我们当下的行为，并在某些情势下改写了我们最初的目标、规划与行为习惯"[1]。郝拓德与罗斯的"基调情感"和"状态情感"与上文提到的弗里达的"阶段性情绪"和"长期性情绪"相似，只不过郝拓德与罗斯的框架更细致、更具可操作性。本书对羡慕、嫉妒和怨恨的分析，主要借鉴了基调情感的概念，认为这三种情感在中国社会转型时期，普遍地、长期地存在于人们的日常生活之中。

基调情感强调的是比较稳定的情感氛围。但在社会变迁中，许多情感、感受处于形成过程中，并未定型。公众的一些

---

[1] 郝拓德、安德鲁·罗斯:《情感转向:情感的类型及其国际关系影响》,《外交评论》2011 年第 4 期。

感受（feeling）尚未能形成具有明确指向的情感。因此，我们还要引入雷蒙·威廉斯（Williams，R. H.）创造的"感觉结构"（structure of feelings）概念。这一概念由威廉斯创造，"最初被用来描述某一特定时代人们对现实生活的普遍感受。这种感受饱含着人们共享的价值观和社会心理"[1]。在《漫长的革命》一书中，威廉斯对这一概念界定如下："正如'结构'这个词所暗示的，它稳固而明确，但它是在我们活动中最细微也最难触摸到的部分发挥作用的。在某种意义上，这种感觉结构就是一个时代的文化：它是一般组织中所有因素带来的特殊的、活的结果。"[2] 根据这一定义，一个时代的大众感觉具有客观的、可供我们分析的"结构"。

在《马克思主义与文学》一书中，威廉斯又指出了使用"感觉结构"这一概念的原因："选用'感觉'〔feeling〕一词是为了强调同'世界观'或'意识形态'等更传统正规的概念的区别。这样做不仅标明我们必须超越正规的把握方式和体系性的信仰（尽管对它们我们总不得不表示容纳），这样做也表明我们参与了意义和价值（当它们正能动地活跃着、被感受着的时候），而且这些意义和价值同传统正规的或体系性的信仰之间的关系实际上是多变的（包括历史变化）。"[3] 可见，"感觉结

1 赵国新：《情感结构》，《外国文学》2002年第5期。
2 雷蒙德·威廉斯：《漫长的革命》，倪伟译，上海：上海人民出版社，2013年，第57页。
3 雷蒙德·威廉斯：《马克思主义与文学》，王尔勃、周莉译，开封：河南大学出版社，2008年，第141页。

构"深刻地蕴含着一个时代的密码，"代表一个历史情境里，主体经由公、私生活的律动，对现实赋予意义，并将此意义体现于感官与感性形式的过程"[1]。

"感觉结构"强调逐渐涌现却又未定型的感受，适合分析转型社会，因为政治、社会结构和文化会在转型过程中发生剧烈变化，新旧感觉结构之间也往往面临复杂的互构、交替和冲突。这一概念可以帮助分析公众的弱势感、无能感、不公感。接下来，本章将具体分析中国的社会变迁如何塑造了人们的羡慕、嫉妒和怨恨。

二、 羡慕："我希望也拥有你所拥有的"

羡慕、嫉妒和怨恨，都是在自我与他人的关系中产生的情绪，本质上蕴含着社会关系。当然，诸如愤怒、恐惧之类的情感，也具有关系属性。不同于愤怒、恐惧，羡慕、嫉妒和怨恨产生于"生存比较"的互动之中。德国著名思想家马克斯·舍勒（Scheler，M.）在解释怨恨在现代资本主义社会为何流行时，便将它放在"生存比较"的过程中。舍勒说，"在所有这些情形中，怨恨的根源都与一种特殊的、把自身与别人进行价值攀比的方式有关；这种特殊的方式需单独加以简要的考察。一般说来，我们一直在将自我价值或我们的某一特性与别人身上

1　王德威：《抒情传统与中国现代性》，北京：生活·读书·新知三联书店，2018 年，第 5 页。

的价值加以比较；每个人都在攀比：雅人和俗人、善人和恶人。"[1] 生活在社会中，每一个人都会通过与别人比较来确定自己的位置，在比较中产生情感。

传统社会中的人们能比较的范围极为有限，多是和生活在周围的人、同一等级的人进行比较。舍勒也说，中世纪的农夫并没有与封建主攀比，至多与较为富裕或较有声望的农夫攀比，也就是说，"每个人都只在他的等级的范围内攀比"[2]。但在现代社会，人们认为自己有权利和任何人相比，生存比较范围迅速扩大。这背后的因素是复杂的，比如人口的频繁流动、现代媒介的发展、平等观念的流行等。比较范围扩大之后，人们更容易看到别人富足乃至奢侈的生活，通过对比确认自己的弱势位置，因而也就更容易产生羡慕、嫉妒和怨恨的心理。其中，羡慕源于人们看到别人拥有好东西而产生的情绪，它的产生至少包含两种因素：与他人比较；对什么是有价值的东西的判断。羡慕的流行与中国社会的剧烈变迁密切相关。

自改革开放起，人口流动日益频繁，贫富分化开始加剧。1980年代开始，富裕的象征"万元户"这个词流行起来。钱跃、陈煜在编著的《中国生活记忆》中指出了"万元户"的来源：

---

1 马克思·舍勒：《道德意识建构中的怨恨与羞感》，刘小枫主编，林克等译，北京：北京师范大学出版社，2014年，第17页。
2 同上书，第21页。

1980 年 4 月 18 日，新华社播发一篇通讯《雁滩的春天》，报道了 1979 年末兰州市雁滩公社滩尖子大队一队社员李德祥家里有六个壮劳力，当年从队里分了一万元钱，社员们把他家叫"万元户"，李德祥成为我国首个公开报道的"万元户"。1980 年 11 月 17 日，新华社发表了记者李锦拍摄的一幅照片，报道了临清县八岔路公社赵塔头村一队社员赵汝兰，当年一家种棉花纯收入 10239 元，这是媒体首次报道山东"万元户"的消息，赵汝兰也成了山东首位见诸报端的"万元户"。这则摄影报道先后被国内外 51 家新闻媒体采用，"万元户"一词也随之流行起来。[1]

"万元户"这个概念的诞生意味着当时的中国社会已经有了明显的贫富分化，这影响了人们的心态。与它一起流行的是"红眼病"一词，这是一个比喻性的说法，指看到别人富裕产生的一种反应。"红眼病"介于羡慕和嫉妒之间，它既意味着对别人生活境遇的羡慕，也带有一些嫉妒。《人民日报》关注了"红眼病"的现象，把它看作是绝对平均主义观念的表现："'红眼病'是长期形成的'越穷越革命'的'左'的思潮和绝对平均主义在农村的表现。群众说，'红眼病'不治，致富积极性调动不起来，致富的门路就打不开。"[2] 但总体来说，在

1　钱跃、陈煜：《中国生活记忆》，北京：中国轻工业出版社，2019 年，第 213 页。
2　龚达发：《先富起来的人又有新苦恼：政策有保证，只怕"红眼病"》，《人民日报》1983 年 1 月 20 日。

1980 年代，嫉妒并未像现在这么流行。

如何分析羡慕？我们应该把它放在社会结构中分析。羡慕是否会转化为（恶意的）嫉妒，主要和两个条件有关。一是判断自己能否获得别人拥有的有价值之物。如果人们认为通过一定的奋斗、努力，自己也可以获得所羡慕的东西，那么羡慕就不太容易转化成嫉妒。二是他人获得有价值之物的方式是否公平。如果认为他人获得资源的方式是公平的，那么就不易产生嫉妒。我们基于这两个条件来分析在什么样的社会结构下，羡慕不太容易转化为带有恶意的嫉妒。

在阶层流动比较畅通的社会中，处于弱势位置的人能够拥有较多的上升渠道，恶意的嫉妒就不太会成为主导性情绪。如果社会的贫富分化没有特别严重，人们相信财富的分配是公平的，那么恶意的嫉妒也不会流行。比如，当一个人看到身边的人获得了较多的财富，如果他相信别人获得的财富是正当的，并且自己通过努力也可以获得，那么就更有可能产生羡慕。反过来，如果他认为别人的财富是通过不公平的、不正当的方式获得的，并且他对自己能够获得相似的财富没有信心，那么就容易催生嫉妒。羡慕就是"我相信经过我的努力，也可以获得别人拥有的东西"。羡慕和嫉妒的区别在于：羡慕是一种抽离了敌意之后的嫉妒。羡慕和嫉妒之间的边界并不绝对清楚，但羡慕是没有敌意的，这一点比较明确。帕罗特（Parrott，W. G.）在比对非恶意的嫉妒（即羡慕）与恶意嫉妒时指出，非恶意的嫉妒关注"我希望也拥有你所拥有的"，这可以带来不同类型的体验："与被嫉妒的一方比较所产生的自卑感、对他人拥有的东西的渴望、永远得不到的绝望、改变自己的决心，或者对被嫉妒那个人的钦佩"，而恶意嫉妒的关注点是"我希望你失去你所拥有的"。[1] 羡慕是自我努力追求别人拥有的东西，而嫉妒的恶意则在于它期待别人失去已有的东西。接下来讨论嫉妒的流行与社会结构的关系。

三、 嫉妒："我希望你失去你所拥有的"

德国社会学家西美尔（Simmel，G.）讲述了一则关于玫瑰的故事：在故事的发生地，人们之间存在着一种惊人的不平等。每个人都拥有一片土地，用来生产自身所需的东西，甚至产出远远超出实际需要。然而，还有一些人能在自己的小农庄种植玫瑰。可能因为他们比别人的钱多一些，也可能是因为他们肯在这上面多花时间，或者正好拥有玫瑰所需的土壤和阳光，总之，他们有玫瑰花，而别人没有。最初，人们并没有注意到这件事，这种情况在很长时间内没有引起嫉恨，有人拥有玫瑰成了一种天赋的必然性，如同占有美丽或丑陋、理智或愚蠢。但是玫瑰的主人不断嫁接，增加并改良玫瑰，终于在其他人中引起暗暗不满，一些煽动者开始出现。有的煽动者用激烈

1　Parrott，W. G.，"The Emotional Experiences of Envy and Jealousy，" in Salovey，P.（ed.），*The Psychology of Jealousy and Envy*，New York：Guilford Press，1991，p.10. 转引自张慧《羡慕嫉妒恨：一个关于财富观的人类学研究》，北京：社会科学文献出版社，2016 年，第6—7 页。

的言辞号召：我们生来就有拥有玫瑰的权利，如今只有少数人才有玫瑰，必须制止这种盲目的偶然性。另一位煽动者对着群众叫嚷：蒙昧的无欲时代已经过去，为更高文明而斗争的战斗口号是——如果你要欲求什么，就欲求什么吧。人们因为嫉妒而采取行动，对玫瑰花进行再次分配，之后获得了暂时的安宁。但由于土壤、阳光、个人的勤奋或懒惰等因素，过了一段时间，人们拥有的玫瑰花再次出现不平等。嫉妒、怨恨就这样周而复始，不断搅扰着人们。[1]

这则故事透露了关于嫉妒、怨恨的几个信息：（一）嫉妒并不是自然而然产生的，而是被唤起的。当人们拥有的玫瑰花加剧分化后，嫉妒就被唤醒了。就社会层面来说，资源分配和贫富分化的加剧容易唤起嫉妒，特别是各种暴富的现象会强烈地搅动人们的内心。（二）嫉妒会促使人们采取行动，以争取资源的再分配。（三）只要存在资源的不平均拥有，人们对此无法忍受，就会出现嫉妒，因此，嫉妒是人类社会的常态，当然，有的社会结构和文化更容易催生嫉妒心理。接下来分析中国社会结构、财富分配的变迁如何影响了人们的嫉妒心理。

1990 年代以后，中国市场经济迅速发展，但与此同时，社会的贫富分化也在扩大，一些群体可以迅速获得丰厚的财富，"财富分配的不均衡急剧扩大，甚至'一夜暴富'都不再是偶

---

1 参见西美尔《金钱、性别、现代生活风格》，刘小枫选编，顾仁明译，上海：华东师范大学出版社，2010 年，第 103—107 页。

然的现象"[1]。中国经济整体的发展，并没有消除人们的嫉妒心理，相反，"不患寡而患不均"，在与他人比较的过程中，一些人不断地感受到相对剥夺感。相对剥夺感意味着，人们的感受并不完全取决于经济的整体发展水平，而是在人与人之间的比较中形成的。虽然整体的经济在发展，人们的收入在提高，但剥夺感依然会产生。剥夺感会带来不满、嫉妒等情绪的流行。嫉妒影响了 1990 年代以来的公共话语，其中最典型的就是"仇富"话语。这个时期流行的嫉妒是带有恶意和破坏性的嫉妒，帕罗特指出，"恶意的嫉妒关注的是移除或者损坏被嫉妒的物品或特质。对经历恶意嫉妒的人来说，一辆豪车应该被偷走或弄坏，一个有品德的人应该自甘堕落或被破坏，一张漂亮的面孔应该被遮盖或被毁容。在恶意嫉妒中，不一定想要得到别人所拥有的——把那些东西从拥有者那里拿掉就够了。"[2] 南京汤山特大投毒案或许能够说明嫉妒的破坏性。2002 年 9 月 14 日，南京市江宁区汤山镇发生了一起严重的食物中毒事件，一些中学生和附近工地的农民工因为食用了一家"宗武面食店"的烧饼、油条而发生腹痛、呕吐、吐血等中毒症状，最后一共造成 42 人死亡，300 多人中毒。经过调查，这起事件是由面食

---

1 张慧：《羡慕嫉妒恨：一个关于财富观的人类学研究》，北京：社会科学文献出版社，2016 年，导言第 4 页。

2 Parrott，W. G.，"The Emotional Experiences of Envy and Jealousy," in Salovey，P.（ed.），*The Psychology of Jealousy and Envy*，New York：Guilford Press，1991，p.10. 转引自张慧《羡慕嫉妒恨：一个关于财富观的人类学研究》，北京：社会科学文献出版社，2016 年，第 6—7 页。

店的邻居陈正平故意投毒而引发的。陈正平也经营面食早点生意，但生意却不如"宗武面食店"兴隆，一直想趁机报复。[1]这种心理就是具有恶意和破坏性的嫉妒。1990 年代以来，带有恶意的嫉妒使得公共空间特别是互联网空间充斥着暴力的话语，影响了当代中国的公共文化。

四、 无能感与报复欲：怨恨情感的内核

带有恶意的、破坏性的嫉妒接近怨恨，但也与怨恨有所区别。人们在攀比的过程中，除了羡慕、嫉妒，还可能产生幸灾乐祸、恶意等心理。在舍勒看来，这些都只是"怨恨形成的诸起点之中的阶段"，并不等同于怨恨。那么，这些心理如何才会转化成为怨恨？弗林斯（Frings, M. S.）认为，报复、不怀好意、嫉妒、敌视、幸灾乐祸这些怨恨的"初始形式"，如果得不到满足就会演变成怨恨[2]。舍勒说，"报复感、嫉妒、忌妒、阴毒、幸灾乐祸、恶意，只在随后既不会出现一种道德上的克制（比如报复中出现的真正的原谅），也不会出现诸如谩骂、挥舞拳头之类形之于外的举动（确切地说是起伏心潮的相应表露）的情况下，才开始转化为怨恨；之所以会不出现这类情

1　参见黄小伟《南京：9 月 14 日被个人恩怨击中》，《新闻周刊》2002 年第 29 期，第36—37 页。
2　曼弗雷德·S. 弗林斯：《舍勒的心灵》，张志平、张任之译，上海：上海三联书店，2006 年，第 148 页。

况，是因为受一种更为强烈的无能意识的抑制。"[1] 舍勒主要谈了两种因素，首先，如果诸如嫉妒、报复感等心理能够被道德克制，就不会产生怨恨；其次，如果报复感能够通过谩骂、挥舞拳头之类的行为发泄出去，不在心里积累，也不会转化成怨恨。当充满嫉妒、报复感的个体，既不愿意在道德上自我克制，也无能直接报复，就可能形成怨恨。可见，怨恨的形成包含两个必须因素，一是报复的冲动，二是与报复冲动相关的个体无能感。

舍勒认为，怨恨形成的最主要出发点就是报复的冲动。舍勒对"报复"一词有自己的界定，他认为报复冲动不带有反击冲动或防卫冲动，"一只受攻击的动物啮咬其攻击者，这不能叫作报复；挨了耳光之后即回一耳光，也不是报复"。报复的本质特征在于，报复者由于软弱感，不得不抑制住直接萌发的对抗冲动，选择隐忍。[2] 因此，报复是"基于一种无能体验的体验"。无能感是报复感、嫉妒、仇恨转化为怨恨的核心机制。舍勒曾以无能感为线索论述了报复、怀恨、嫉妒与怨恨的区别：

> 报仇心切的人将自己的感情诉诸行动，进行报
>
> 复；怀恨的人伤害对手，或至少向对手说明"自己的

---

1 舍勒:《道德意识中的怨恨与羞感》,刘小枫主编,林克等译,北京:北京师范大学出版社,2014 年,第 10 页。

2 同上书,第 7 页。这段文字的译文,在"对抗冲动""对抗反应"几处,疑漏掉"对"字。

看法"，或只在其他人面前厉声责骂他；嫉妒者见财眼红，拼命想要通过劳动、交换、犯罪或强力把财富弄到手；这些人都不会陷入怨恨。怨恨产生的条件只在于：这些情绪既在内心猛烈翻腾，又感到无法发泄出来，只好"咬牙强行隐忍"——这或许是由于体力虚弱和精神怯懦，或许是出于自己害怕和畏惧自己的情绪所针对的对象。[1]

报仇心切的人、嫉妒者，由于可以采取行动而将情绪释放出来，因此不会转化成怨恨。怀恨在心的人，无能进行直接的报复，不得不隐忍和压抑，正所谓"君子报仇，十年不晚"。[2]基于对怨恨所含的无能感的分析，舍勒认为怨恨是一种弱者的体验："就其生长的土壤而言，怨恨首先限于仆人、被统治者、尊严被冒犯而无力自卫的人。"[3] 怨恨是弱者的情感体验，却又以强烈的报复爆发出来，因此它又被认为是一种自相矛盾的情感，"它那无情的力量和偶然的激烈却是在一个人难以克服的软弱中爆发出来的"[4]。这种矛盾性可以这样解释：越是弱者，越是需要抑制报复冲动，导致压抑的报复欲积累更多，最终以激烈的方式爆发。

1　马克思・舍勒:《道德意识中的怨恨与羞感》,刘小枫主编,林克等译,北京:北京师范大学出版社,2014 年,第 10 页。
2　同上书,第 12 页。
3　同上书,第 10 页。
4　曼弗雷德・S. 弗林斯:《舍勒的心灵》,张志平、张任之译,上海:上海三联书店,2006 年,第 145 页。

除了无能感，怨恨与嫉妒在指向的对象上也不相同。通常来说，报复与嫉妒有明确的对象，比如嫉妒他人拥有的巨额财富、美丽容颜，舍勒指出，"在报复和嫉妒中，大多还存在针对这些敌意否定方式的特定对象"[1]。嫉妒的产生需要确定的诱因，当诱因终止，嫉妒也随之消失，比如报复成功就会使得报复感消失，报复的对象受到惩罚，惩罚感也消失不见，嫉妒者如果获得了嫉妒对象的财富，那么，嫉妒也会终止。[2] 可见，嫉妒这种体验与特定的对象相关，一般不会指向一个抽象的群体。成伯清认为，"原先的嫉妒者所从事的破坏、迫害和伤害行为，都是明确针对引起嫉妒的对象；而现在，嫉妒演变成怨恨之后，带着敌意爆发出来的情绪，针对的可能是经过泛化的一类人，甚至可能是所有人。"[3] 怨恨指向的泛化使得它可能成为社会的基调情感，即影响社会的情感氛围。弗林斯也指出怨恨的泛化特征，他认为"从怨恨的初始形式而来的冲动会形成两个怨恨方向"，一个是指向特定的个体，另一个是指向不确定的个体，"在后一个方向上，怨恨就是群体怨恨。一个群体的成员会成为憎恨任意宣泄的对象，因为由无能而生发的憎恨企图将这个群体夷平"[4]。在中国公共空间中，形形色色的仇富话语

1　马克思·舍勒:《道德意识建构中的怨恨与羞感》,刘小枫主编,林克等译,北京:北京师范大学出版社,2014 年,第 9 页。

2　同上。

3　成伯清:《从嫉妒到怨恨——论中国社会情绪氛围的一个侧面》,《探索与争鸣》2009 年第 10 期。

4　曼弗雷德·S. 弗林斯:《舍勒的心灵》,张志平、张任之译,上海:上海三联书店,2006 年,第 148 页。

就是群体怨恨的典型案例。仇富指向的不是某个具体的个人，而是基于财富划分的抽象群体。

怨恨包含的报复冲动和无能感，更容易在什么样的社会中产生？舍勒把怨恨与现代资本主义社会联系在一起。这是因为在资本主义社会，随着平等观念的流行，人们的生存比较范围迅速扩大。如前所述，在传统等级制社会，人们的比较范围主要在自己所处的等级内。到了现代社会，平等观念使得"人人都有'权利'与别人相比"，但先天的因素、个体的禀赋、后天的努力与机遇等都不可能相同，因此，人与人"事实上又不能相比"，这样的社会结构必然会更容易积累强烈的怨恨。[1] 舍勒富有洞见地指出，一个群体在宪法或"习俗"上相应的法律地位与该群体的实际权力之间的差异越大，怨恨的心理动力就会越积越多。资本主义社会张扬了人的平等权利，提升了个体在法律上的地位，身处其中的人如果在现实中处于弱势地位，就会产生强烈的心理落差，当无法改变自身处境时，怨恨就会形成。舍勒说，"本身就是一种奴性或自感、自认是奴才的人，在受到自己主人伤害时，不会产生任何报复感；卑躬屈膝的差人挨了责骂也不会产生报复感；孩子挨了耳光也不会。反过来，久蓄于心的强烈要求、极度的高傲与外在的社会地位不相

---

1 马克斯·舍勒：《价值的颠覆》，刘小枫编校，罗悌伦、林克、曹卫东译，北京：生活·读书·新知三联书店，1997年，第13页。

称，特别容易激起报复感。"[1]

关于怨恨的产生与社会结构之间的关系，罗尔斯也有清晰的表述，他认为，只要满足以下三个条件，带着恶意的嫉妒（即怨恨）就会爆发：

> 1. 人们对于自身价值和做任何有价值的事情的能力缺乏信心。2. 自我与他人之间的差距被社会结构及其生活方式暴露无遗，劣势群体不断被强迫提醒他们自己处于一个什么样的状况，这让他们深深地体验到痛苦和被羞辱。3. 因为看不到改变不利环境的希望，为了减轻痛苦和低下感，劣势群体相信自己只有两条出路，要么以自己受损为代价去伤害那些境遇较佳的人，要么就听之任之变得顺从和麻木不仁。[2]

这三个条件也可以概括为舍勒所说的无能感（第 1、3 点）和受伤害之后的报复冲动（第 2 点）。

怨恨这种情绪在中国的公共空间中并不少见，甚至成为塑造公共话语的主要情感之一，尤其是在阶层矛盾（比如富二代、官二代）之类的议题上表现得更为明显。在这些议题中，怨恨指向泛化的政府工作人员、富人群体、知识精英群体。人们把事件、人物符号化处理，体验的并不一定是来自具体事件

---

1 马克思·舍勒：《道德意识建构中的怨恨与羞感》，刘小枫主编，林克等译，北京：北京师范大学出版社，2014 年，第 12 页。
2 转引自周濂《正义的可能》，北京：中国文史出版社，2015 年，第 47 页。

（或人物）的伤害，而是来自群体的伤害。这种怨恨体验不断加剧不同群体之间的对立和冲突。怨恨的流行与大众传媒有一定关系。一些媒体在报道阶层矛盾等议题上，会采用倾向明显的框架，将具体的个体符号化为某一群体，由此具体的矛盾就变成了群体之间的事情，从而唤起社会对一些群体的怨恨。虽然关于媒体上怨恨情感的传播效果还没有精确的测量，但媒体的确会扩大社会的怨恨情绪。

怨恨的流行主要与中国社会结构的变迁有关。一方面是阶层之间的差距不断扩大，这种差距又被认为不够公正和合理，弱势群体不断产生被伤害的感受。另一方面，无能、无力、弱势等感受不断弥漫。观察当下中国的公共空间，我们会发现，"弱势群体"已经成为跨越阶层的个体或群体认同，"弱势感"也已经成为当下诸多中国人一种重要的自我体验。人民论坛问卷调查中心的一项问卷调查显示，"认为自己是'弱势群体'的党政干部受访者达 45.1%；公司白领受访者达 57.8%；知识分子（主要为高校、科研、文化机构职员）受访者达 55.4%。"而"网友"中认为自己是弱势群体的则达到 73.5%。[1] 这意味着"弱势感"的体验不仅出现在一些传统意义上的弱势群体中，还出现在都市白领、知识分子乃至政府官员的身上，"'弱势感'已从'就业不利'的劳动含义和'基本生活条件不足'的温饱含义，扩展为'创造财富、积累财富能力较弱'的财产

---

1 人民论坛问卷调查中心：《不同群体"弱势"感受对比分析报告："弱势"缘何成普遍心态》，人民网，http://politics.people.com.cn/GB/1026/13402538.html。

含义，'在社会竞争中感到不公平、无力感和相对被剥夺感'的社会分化含义，以及'公民权利保障不充分'所带来的对未来不确定性的担忧"[1]。"弱势感"已经引起诸多关注，包括《人民日报》在内的多家媒体都进行了报道。这种弱势感就是改变自己社会位置、处境的无能感。一方面是对社会资源分配的不公感受，一方面是改变自己命运的无力感，这样的"感觉结构"易催生怨恨体验。

嫉妒、怨恨给政治和社会带来诸多影响，塑造着公共生活的形态。弗林斯认为，怨恨包含三种最主要的结构，其中两种是："它们是对那些怨恨主体无力获得的肯定价值的'诽谤'"；"所有的怨恨感受都必定会导致人将自己和没有怨恨感受的他人进行'比较'。"[2] 在第一种结构中，怨恨主体会否定一些无力获得的东西的价值，弗林斯借用"狐狸与葡萄"的寓言说明这一问题，"狐狸经历了无数次的跳跃但仍然够不到葡萄，于是在狐狸心中，葡萄就逐渐失去了它们多汁的外表。最终，厌倦了徒劳跳跃的狐狸就会认为，'葡萄无论如何都是酸的'"[3]。如果无力获得某些东西，那就去否定它，甚至毁灭它。这种结构与民粹主义、反智主义的盛行有隐隐的联系：对于智识群体的怨恨导致一些主体对知识价值的否定。在怨恨的第二种结构

1　佚名：《"弱势感"何时消散？》，《第一财经日报》2012 年 3 月 29 日。
2　曼弗雷德·S. 弗林斯：《舍勒的心灵》，张志平、张任之译，上海：上海三联书店，2006 年，第 145—146 页。
3　同上书，第 146 页。

中，怨恨主体出于自己的无能感受，会不断地把自己和别人进行比较[1]。怨恨源于与他人的攀比，也会强化与他人的攀比，在改变自身处境的能力没有提升的情况下，怨恨体验就会更为剧烈。因此，怨恨体验具有自我增殖的特征，它会不断加剧。此外，怨恨"不仅会发生在某些个体身上，也会发生在各种集体性的团体、阶级，或许还有整个文化当中"[2]。对他者的怨恨是团体、阶级凝聚的纽带。

最后，还有一点需要提及，舍勒对怨恨的论述带有精英主义和价值立场，本书不赞成把怨恨视为完全的负面情绪，或者视其为"洪水猛兽"。前文论述过，情感背后有认知的基础，嫉妒和怨恨也不例外，两种情感都包含着丰富的认知元素，比如关于财富分配公正与否的认知、关于自己处境的认知等，我们应该分析这些认知的来源，评判其合理性。另外，从"实践"的理论视角来看，嫉妒和怨恨都是人与社会结构的互动，它们的流行与结构性的因素密切相关，引导着个体对社会分配进行道德评价，塑造着个体对自我身份的想象。认真对待社会中的怨恨，有助于透过它看到社会结构中的问题，有助于理解社会变迁过程中资源分配的公平性。

1　曼弗雷德·S. 弗林斯:《舍勒的心灵》，张志平、张任之译，上海：上海三联书店，2006 年，第 149 页。
2　同上书，第 145 页。

第七章

现代社会的 "纳西索斯"

自恋文化与公共生活

你可能还没意识到，但是爱自己是每个人与生俱来的。如果你喜欢自己，那么别人也会喜欢你。

———— NBC 公益广告

一、"自恋"的时代

美少年纳西索斯在水中看到了自己的影子，爱慕不已，赴水求欢却溺水而亡，死后化为水仙花。这是一则耳熟能详的古希腊神话，故事中的纳西索斯后来成为自恋的象征，用来指代过于自爱、过于迷恋自我的病症。神话中的纳西索斯正在现代社会涌现，自恋深深地渗入现代社会，成为一种流行的、影响广泛的问题。腾格（Twenge，J. M.）、坎贝尔（Campbell，W. K.）用"自恋时代"来描绘自恋的流行程度，他们指出，"如今的美国正忍受着'自恋流行病'的折磨"。[1] 鲍曼也指出，"而今自恋确实已成为一种心理常态"。[2]

提及自恋，人们多把它理解为一个贬义词，甚至等同于自我中心主义、自私。但本书并不打算从贬义的角度理解它，而是认可这一观点："自恋的定义不是评价性的、不是判断好坏，它仅仅描述了一系列态度和行为，揭示了一个人如何评价自己，一个人感受到与他人的分离程度以及如何感知和评价他人。"[3] 自恋一词的使用已有一百多年的历史。根据詹姆斯·斯特雷奇（Strachey，J.）的说法，"自恋"（narcissism）这个词

---

1 简·M.腾格、W.基斯·坎贝尔:《自恋时代:现代人,你为何这么爱自己?》,付金涛译,南昌:江西人民出版社,2017年,引言第8页。

2 齐格蒙特·鲍曼:《怀旧的乌托邦》,姚伟等译,北京:中国人民大学出版社,2018年,第178页。

3 尼娜·布朗:《自私的父母》,霍淑婷译,北京:北京联合出版公司,2016年,第6页。

由性心理学家哈维洛克·艾利斯（Ellis，H.）和保罗·纳克（Näcke，P.）介绍而来。1898 年，艾利斯使用了"像纳西索斯"（Narcissus-like）这样的术语，第二年纳克使用"自体观窥欲"（Narcismus）这个术语，后来"自恋"成为家喻户晓的词语。[1]

一些研究者认为社会在总体上变得越来越自恋，"人们被鼓励首先注意他们自己"[2]。滕格、坎贝尔给出了一些可以证明自恋程度在提高的数据：

> 我们收集到的来自 3.7 万名大学生的数据显示，自 20 世纪 80 年代至今，自恋型人格特质的增长速度同肥胖症不相上下，其中女性的增长尤其明显。自恋的增长速度越来越快，其中 21 世纪初期的增速较之前几十年更快。截至 2006 年，有四分之一的大学生承认，自恋特质标准测量中的绝大部分项目都在他们身上有所体现。……在 20 岁左右的美国人中，将近十分之一的人会出现自恋型人格障碍的症状；而在所有美国人中，这一比例则是十六分之一。[3]

现代社会的自恋文化既有技术层面的因素（比如社交媒介

1 赛明顿：《自恋：一个新理论》，吴艳茹译，北京：中国轻工业出版社，第 7 页。
2 辛迪·戴尔：《同理心：做个让人舒服的共情高手》，镜如译，北京：台海出版社，2018 年，第 166 页。
3 简·M.腾格、W.基斯·坎贝尔：《自恋时代：现代人，你为何这么爱自己？》，付金涛译，南昌：江西人民出版社，2017 年，引言第 8 页。

的普及），也有社会文化层面的因素，包括现代教育对个人价值的过分鼓励、个人主义观念的流行等。就技术层面来看，自恋与媒介技术的发展密切相关，移动互联网、智能手机等技术的普及为人们提供了更多的关注自我、展示自我的途径。现代人习惯于在社交媒体上展示自己，以期获得别人的关注和赞美，成为网络的中心。在现实的物理空间中，人们与他人交往，必须遵守基本的社会规范，必须不断打磨自己的语言技巧，动用身体姿态和表情，这是一件辛苦的事情，但可以提升人的共情能力和交往能力。社交媒介时代则不同，人们可以不用在物理空间中真正面对他人，只需要"躲"在虚拟世界里展示自己的形象就可以获得他人的注意力和认可。这是一件较为轻松、容易令人上瘾的事情，但由于不需要付出太多努力去照顾他人的感受，这种交往容易造就自恋的主体。

自恋在孩童时期就已经开始形成。这与现代社会的教育理念有密切关系。曾经的教育是以施教者——教师——为核心，教师扮演着知识权威、道德权威的角色，教授学生知识、与他人相处的规范，以及如何接受失败和承认自己的能力有限。但现在，在小学阶段，学校就开始极力鼓励个人的成就和价值，尽量避免给孩子带来负面的心理影响。学校和教师都对孩子宣称："你是最棒的！""你是最优秀的！"参与竞争，原本包含两层意义：培育孩子的竞争意识和成就感；对孩子进行挫折感教育。但现在，几乎所有的孩子可以从竞争中获得不同角度的鼓励。施教者发明了形式多样的鼓舞话语，减少竞争给学生带来的打击。这种教育的好处是鼓励孩子的自信，尊重每一位孩子的价值，但有可能带来对自我的过度关注甚至自我迷恋。正如两位研究者所指出的，"教育工作者们把注意力放在了自我欣赏的美好一面上，几乎完全忽视了它有可能导致自恋"[1]。

自恋也被认为与个人主义的盛行有关，艾肯（Aiken，M.）指出，"自恋显著可能与社会上个人主义的盛行密不可分。自力更生和个人主义的'副作用'就是自我关注的增加。"[2] 社群主义的观念重视社群的意义，认为社群规范、利益和价值高于个体，它在人与人之间的道德关系、情感关系中思考个体的价值，反对自由主义关于个人权利优先的论述。与社群主义不同，个人主义强调个人自由、自我支配、个人至上，以自我为中心看待世界。这会鼓励自恋的形成。极端的个人主义把自我当作世界的中心，强调个体的价值，缺乏与他人合作、团结的能力，缺乏与他人沟通和达成理解的意愿。

本书并不想穷尽自恋文化形成的所有因素。本书主要关注自恋文化如何影响了公共生活中的交往，即如何影响了个体与他人相处、交流的能力。讨论这一问题，需要先理解自恋。研究自恋的成果主要集中在医学、心理学领域。相关研究关注了自恋型人格的测量、自恋型人格的特质、自恋型人格障碍等问

1 简·M.腾格、W.基斯·坎贝尔：《自恋时代：现代人，你为何这么爱自己？》，付金涛译，南昌：江西人民出版社，2017年，引言第80页。
2 玛丽·艾肯：《网络心理学：隐藏在现象背后的行为设计真相》，门群译，北京：中信出版社，2018年，第179页。

题，多在个体的生理或心理层面讨论，而较少关注自恋与社会文化之间的关系。但"人格不是孤立存在的。我们认为，个体自恋水平的增长只不过是文化巨变（变得更加注重自我欣赏）的结果"[1]。本书超出个体层面的论述范畴，把自恋视为一种具有社会性和文化性的情感。自恋与现代社会一系列的因素有关，包括生产形象的传播技术、学校教育、城市文化等。一些研究也关注了自恋与社交媒介之间的关系。这些研究大多聚焦于社交媒介的技术特征对自恋行为的影响，未能提供一个宏观的分析视野，即展示现代社会的变迁如何推动了自恋文化的流行。自恋虽然自古有之，但它的流行和现代社会的变迁有关。

本书首先借鉴心理学和社会建构论的研究成果，以厘清自恋的心理学特征及其与社会、文化之关系，在此基础上，以"实践"的理论框架来理解自恋。从"实践"角度来看，自恋并不仅是个体的心理问题，而且涉及自我与他人的关系。自恋塑造了个体对自我和他人的感知；自恋影响着个体的行动，影响着与他人的互动模式；自恋也是人们创造意义的实践，自恋者通过对自我的认知，塑造了关于他人、关于外部世界、关于其他事物的意义；自恋也是一种介入世界的方式，它可以表现为对世界的拒绝，也可以表现为渴望得到世界的欣赏和围绕。潘光旦先生对于自恋的分析值得借鉴，他在运用精神分析学的时候，"没有将其仅视为某种治病救人的医学理论，而是将其理

---

1 简·M.腾格、W.基斯·坎贝尔：《自恋时代：现代人，你为何这么爱自己？》，付金涛译，南昌：江西人民出版社，2017年，引言第37页。

解为社会学的思考"，这一思考的特征就是"将行动者置于其历史处境与家庭背景之中，将病症视为其社会性的表达"。[1] 这对于讨论自恋有一定的启发，我们不能把自恋仅仅理解为个体的病理学问题，而应该视为带有社会性的表达。自恋的界定虽然复杂，但它主要包含两个要素，即如何看待自己与如何看待他人（外部世界）。[2] 本书的分析也主要围绕这两点展开，聚焦于现代媒介对人们看待自己形象、展示自己形象的影响，以及自恋对人们与陌生人交往的影响。

二、 看到自己、展示自己：现代媒介技术与自恋

纳西索斯的自恋是因为看到了自己的水中倒影，他迷恋的对象是自己的形象。形象是引发自恋的机制，它与自我相关，常常是自恋的载体。现代传播技术催生了发达的"形象"文化，为人们看到和展示自己的形象提供了充足的平台，这推动了自恋文化的形成。自恋文化与现代传播技术之间的相关性，一些调查数据可以作为支撑：艾肯在《网络心理学：隐藏在现象背后的行为设计真相》中指出了自恋人格增加与互联网兴起

---

1 孙飞宇：《自恋与现代性：作为一个起点的"冯小青研究"》，《社会学评论》2021年第2期，第15页。

2 17世纪的法国古典作家拉罗什福科认为，自恋展现了一种人类的基本驱动力，向外和向内都产生着影响，深入每一个人与自己的关系，"它向外针对其他人、鼓励我们向别人伪装出某种特定的被社会视为杰出的性格特征；向内则引诱我们凭借着习惯进行一种伪装，假装我们具有一种'真正的'、实际上可持续的性格"，自恋既是对别人的欺骗，也是对自己的欺骗（霍耐特《承认》，2021年，第23页）。拉罗什福科的划分也是从自恋影响自己和他人这两个维度进行的。

之间的同步性，艾肯说："最近对年轻人的研究显示，自恋行为消失的年轻人越来越少了。在研究美国大学生时，研究人员发现自恋人格量表的分数在 1982—2006，呈现出显著增加的趋势。有趣的是，这种改变是与互联网的兴起同时出现的。"[1]

人类社会的"形象"文化、人们对待自己形象的方式都在不断变化，这与"镜子"——人们看见自己形象的方式——有着紧密的关系。美国社会心理学家库利提出了"镜中我"的概念，这一概念强调的是自我的形成与他人的关系，他人是自我形成的"镜子"，个体通过作为"镜子"的他人而形成对自我的认知。但日常生活中使用的各种镜子则是让人们看到自己，人们感知自己的来源之一是镜子中的形象。镜子是人们认知自己、看到自己形象的媒介。追寻镜子的历史是一件有趣且有价值的事情。在玻璃镜子发明之前，人们想清楚地看到自己的形象，并不是一件容易的事情。神话中纳西索斯只能通过水面才可以看到自己的容貌。后来，人类发明了铜镜，即便打磨光滑的铜镜也并不能特别清晰地反映出自己的形象。再后来，现代玻璃镜的发明和普及，极大地推动了人对自己形象的感知。玻璃镜制造了一个处处可以看见自己形象的世界，隐喻的是"认识你自己"的时代。"认识你自己"，是现代人的必修功课。社会提供了大量的条件来训练人们对自我的认知，但这加剧了人们的自恋程度。鲍曼指出，"不幸的是，当代的自恋者一生下来

---

1 玛丽·艾肯：《网络心理学：隐藏在现象背后的行为设计真相》，门群译，北京：中信出版社，2018 年，第 178—179 页。

就生活在一种迫使他们竭力'认识他们自己'的文化中，这种文化迫使每一个人，无论男女，都要认识他自己。实际上，这是他们转向自恋的主要原因，自幼年开始他们就要接受这种伴其一生的培养、训练和演练。"[1]

社交媒介为自恋文化的形成推波助澜，它"鼓励共享个人信息"，"让大家关注自我"[2]，诱惑人们自我欣赏。它已经超越"认识你自己"，预示了一个"成为你自己"时代的来临。通过玻璃镜，我们能够看到自己，却无法打造自己，不能向众人展示自己的形象。社交媒介可以便利地帮助人们做到这些，它为人们提供了改造自己形象、展示自己的渠道。社交媒介时代，"形象"的打造和传播成为一种文化现象。生活在社交媒介时代的人们，不仅可以频繁看到自己的形象，还可以看到他人对自己形象的反应。与铜镜、玻璃镜不同，社交媒介让每一位拥有智能手机、电脑的个体都可以自由地打造自己的形象。相机的美颜功能、修改图片的 PS 技术、可以记录个人生活的 Photo-log，为人们修饰和展示自我形象提供了足够多的机会。可以说，社交媒介是自我展示的舞台。

一些人沉迷于新媒介打造的自我形象，不厌其烦地将自己的形象、生活展示给他人，期待获得点赞，这是一种指向"自

1　齐格蒙特·鲍曼：《怀旧的乌托邦》，姚伟等译，北京：中国人民大学出版社，2018年，第176页。
2　玛丽·艾肯：《网络心理学：隐藏在现象背后的行为设计真相》，门群译，北京：中信出版社，2018年，第179页。

我"的交往行为，"这些热衷于网晒的自恋者只在乎别人的点赞，对朋友圈的情感互动丝毫不感兴趣。他们平时懒得与朋友交流，他们将朋友圈当作自己的私人领域，'朋友'仅仅是一个能够发出赞美的符号而已，他们看重朋友圈点赞的人数，一旦缺乏掌声，便会感到焦虑甚至愤怒"[1]。展示自我形象本身不必然意味着自恋，但它却推动了自恋文化的形成。过度的自我展示，对自己形象的沉迷，就是自恋行为，它并不能带来主客体之间的交往关系。社交媒介让无数的用户可以成为自己想成为的人。如果说"认识你自己"尚带有一些自我反思的意味，社交媒介上的"成为你自己"则更偏向于一种自恋的行为。布雷格曼指出，"现在最重要的事情……就是要成为你自己……做你自己的事情"，"自我——我们的表面上最高的理想——已经变得空洞无物"。[2]

自恋者需要别人对自己的关注，严重者可能演变成为自恋型人格障碍，这"是一种需要被赞美来夸大他们自己重要性的精神状态。自恋者的特征表现为具有优越感、自吹自擂、权力感和缺乏共情，尽管很多自恋者非常有控制性，也能把共情表现出来"[3]。自恋者无法在自我与他人之间建立一种平等的对话

1　蒋建国：《网晒成瘾：身份焦虑、装饰性消费与自恋主义文化传播》，《南京社会科学》2018年第2期，第132页。
2　齐格蒙特·鲍曼：《怀旧的乌托邦》，姚伟等译，北京：中国人民大学出版社，2018年，第178页。
3　辛迪·戴尔：《同理心：做个让人舒服的共情高手》，镜如译，北京：台海出版社，2018年，第166页。

关系，因为他们需要别人来满足其欲求，试图建立一种优越的地位，这阻碍了真正的对话。此外，自恋者缺乏共情，难以理解他人。前文曾讨论过共情机制对于理解他人的重要意义。自恋者过于关注自身，就难以站在他人的立场去思考、去体验，更谈不上对他人的理解了。正如桑内特所言："自恋者并不渴望得到各种各样的体验，他渴望得到的是自我的体验。"[1]

自恋具有一种矛盾的结构：自恋者一方面试图建立以自己为中心的交往结构，另一方面却又依赖于他人对自己的关注，沉迷于通过表演来吸引他人的注意力。霍耐特（Honneth,A.）指出：

> 当我们追随我们的自恋，也就是追随通过文化习惯而后天习得的社会化标准时，我们的行为就依赖于他者的判断，因为我们沉迷于让自己的任何行为都得到他者的同意或承认。卢梭在这个注释中用最简洁的方式表述了这种对比，他借助"内部的观察者"这一形象说明，主体在满足他的自爱时只看到了"作为唯一的观众的自己"，而在满足他的自恋时则是将其他人视为判决其行为和疏忽的"法官"。[2]

自恋者对于他人的依赖，决定了自恋者要持续地表演，以

1 理查德·桑内特：《公共人的衰落》，李继宏译，上海：上海译文出版社，2014年，第443页。
2 阿克塞尔·霍耐特：《承认：一部欧洲观念史》，刘心舟译，上海：上海人民出版社，2021年，第32页。

吸引他人的注意力，这可能导致迷失自我，造成对自我的伤害。霍克希尔德指出，利他主义者（即过于关注他人需求的人）"存在着过度培育虚假自我，失去界限的更大风险"。[1] 自恋者对他人的依赖也可能走向过于关注他人需求的极端，以满足"观看者"的需求而表演，这也会造就"虚假的自我"。极端沉迷于在社交媒介上展示自己形象、揭露个人生活，会妨碍人们弄清楚自己是什么和不是什么，还可能毁灭那些迷恋自我的人[2]，正如桑内特所指出的："自我迷恋并不会产生满足，它导致了对自我的伤害。"[3]

三、 自恋者眼中的"他者"

自恋一方面影响着人们对自我形象的展示，另一方面也塑造着对他者的态度和想象。"他者"是政治学、社会学研究的重要议题。在公共生活中，人们要处理自我与他者的关系问题，因为真正的"公共"就意味着与陌生人相处、对话。在良好的公共生活中，"他者"是与"我"平等的主体，相互之间既连接又独立，通过对话，达成理解甚至共识。但自恋者眼中的"他者"，不是一个平等的对话者，而是温暖的给予者、社会秩序的威胁者，甚至可能是劣势群体。自恋者以向他者揭露自

---

1 阿莉·拉塞尔·霍克希尔德：《心灵的整饰：人类情感的商业化》，成伯清、淡卫军、王佳鹏译，上海：上海三联书店，2020年。
2 理查德·桑内特：《公共人的衰落》，李继宏译，上海：上海译文出版社，2014年，第442页。
3 同上。

我、展示自我的方式,试图获得温暖和亲密关系。借用阿伦特在论述同情时的观点,我们可以说,这种"我—他"关系取消了彼此的距离,也就取消了对话需要的空间,自我与他者的独立性都被消解。以社交媒介为例,它将无数匿名的个体连接起来,形成强大的公共力量,影响公共舆论和政府决策;它也为人们展示自我的形象提供了舞台。一些人在社交媒体上"晒"自己的生活,建构自己的形象,试图从中获取他人的关注和温暖的感觉。社交媒介上的自恋者对于亲密关系的需求常常超越对于公共对话的追求。

自恋者过度关注自我的需求。当他者不能提供亲密关系和温暖的时候,自恋者就可能把他者塑造为危险的因素,这一点桑内特也有分析。自恋影响着人们与陌生人的交往。在当代社会,一系列因素塑造着人们与陌生人的交往方式和体验,影响着自恋文化的形成。以中国社会为例。城市在迅速发展,陌生人之间的交往已经成为城市生活的日常。大量的人群脱离了原有的共同体(熟人社会),进入陌生人社会。但与中国社会的现代化、城市化过程同步的是社会的个体化趋势:传统的支持网络在衰落,新的社群并未充分地发展,人们处于原子化、个体化的状态,充满了对陌生人的不信任——"他人"的世界充斥着危险、不确定性、不稳定性,是没有温暖的世界。当代日益繁华的城市生活中,"宅文化"流行开来,大量的年轻人躲在自我的世界,避免与他人建立深度连接。人们对他人的依恋变得脆弱,转而求助于自己,自助文化(self-help culture)在现代社会兴起。被自我欣赏所禁锢的人，"无法与自我以外的其他人建立联系"。[1] 在与他人的关系上，自恋与自尊是有本质差异的："自尊心较强但并不自恋的人重视人际关系，而自恋者则不重视。结果便是造就了一个极为不平衡的自己——浮夸、膨胀的自我形象，并且缺少同他人的深层联系。"[2]

社交媒介把无数的人连接在一起，制造了更多与陌生人相遇的机会。在社交媒介上，多种类型的社群形成，有些是基于情感的连接，比如因为共同的偶像而聚集起来的粉丝圈；有些是基于共同的价值观，比如环境保护组织；还有一些是基于相似的经历和利益，一些维护权益的社群就属于此类。这些社群属于深层次连接，但这种交往是社群内部的"自己人"之间的交往，并不是真正与"他人"交往。对于大量网民来说，社交媒介上的"他人"是什么？是给"我"点赞的人，是关注"我"的人，而不一定是"我"想产生深层联系的人，不是"我"想去交往、去理解的人。

四、 自恋与公共生活的衰落

弗洛伊德（Freud，S.）预感自恋会成为一种普遍现象[3]，经过一百年左右的时间，这一预感成为现实：对自我的迷恋渗

---

1 简·M.腾格、W.基斯·坎贝尔：《自恋时代：现代人，你为何这么爱自己？》，付金涛译，南昌：江西人民出版社，2017年，引言第11页。

2 同上。

3 参见齐格蒙特·鲍曼《怀旧的乌托邦》，姚伟等译，北京：中国人民大学出版社，2018年，第178页。

透到社会生活的各个角落。人们通过社交媒介、大众传媒、商业广告等渠道，不断地欣赏着自己的形象，展示着迷人的自我。自恋正在塑造我们时代的社会文化，塑造着人们看待自我与他人的方式，影响着人们对事物的价值评判和公共生活。可以预见的是，自恋在未来依然会对社会产生深刻影响，腾格与坎贝尔认为，"了解自恋流行病非常重要，因为从长远角度考虑，自恋会给整个社会带来灾难性后果。美国文化对于自我欣赏的关注，已经导致整个社会开始逃离现实，去追求浮夸的幻想。"[1] 自恋还会带来攻击行为、物质主义、对他人关爱的缺乏以及肤浅的价值观等负面影响。[2] 本书在此不对自恋的负面后果进行面面俱到的分析，而是聚焦于它对公共生活的影响。

桑内特、阿伦特、哈贝马斯对公共生活的理解虽有不同，但都认为公共生活要与他人相处、交往。个体要通过公共空间中的自我展示，与他人沟通、交往。良好的公共生活是与"自恋"不兼容的，因为自恋是以自我为中心来衡量其他事物，"极端自恋的人关注的是自己，以及他人如何看待自己"[3]。自恋者既是自我导向，又是他人导向。这种双重性对理解自恋大有裨益。自我导向是指自恋者会把自我美化甚至神圣化，会强迫他人接受自己的价值观或行为模式，自恋会"要求他人走向我所

1　简·M.腾格、W.基斯·坎贝尔：《自恋时代：现代人，你为何这么爱自己？》，付金涛译，南昌：江西人民出版社，2017年，引言第11页。

2　同上书，引言第18页。

3　玛丽·艾肯：《网络心理学：隐藏在现象背后的行为设计真相》，门群译，北京：中信出版社，2018年，第177页。

认同的完美理想形象，甚至成为'理想中的我'的一部分"[1]。自恋的他人导向则意味着自恋者的自我满足必须要借助他人的回应，以赞美、认同、支持、建立亲密关系等方式。自恋者无法独立获得自我满足、归属感和成就感。对他人的依赖会造成自恋者欲望的难以满足，进而带来痛苦、自我伤害和其他负面情绪。有研究学者把现代抑郁症的成因之一归为"当代社会愈来愈普遍的自恋人格"。[2]

自恋者既需要他人，又拒绝他人，对于社会交往的理解是以自己为中心，无法与他人建立平等的、相互理解的社会关系，鲍曼指出：

> 一个人自己的自恋倾向——因日常生活中人际纽带的不断瓦解而蠢蠢欲动，并在市场和媒体的共同作用下逐渐萌生、强化和巩固——就会逐渐成为一种威胁，使自己成为一个出格的、积极的和风头过盛的自恋狂，并让他人厌恶，进而使自己根本没有可能与他人建立起有意义的关系，就更别说与他人建立起牢固的关系，并从中获得回报和满意了。[3]

自恋者追求社会交往带来的亲密感和温暖，并以此来衡量交往的意义，但一些交往和议题的价值并不能依靠亲密感和温

---

1 许宝强：《情感政治》，香港：天窗出版社有限公司，2018年，第89页。
2 同上书，第74页。
3 齐格蒙特·鲍曼：《怀旧的乌托邦》，姚伟等译，北京：中国人民大学出版社，2018年，第189页。

暖来衡量。我们和陌生人交往，不是只为了获得温暖，而是为了丰富我们的认知，增进相互之间的理解。我们关注一些超越个体的公共议题，不是为了获得亲密感，而是因为这些议题和公共福祉息息相关。但在极度自恋者那里，他人的意义和议题的价值是以自我体验为判断标准，对于极度自恋者的"自我"来说，"意义的界限只延伸到镜子所能反射到的地方为止；一旦反射失败，非人格关系呈现，意义就消失了"[1]。由于以自我体验作为判断标准，自恋者不相信公共领域的意义，亲密性情感成为衡量现实意义的标准，"当阶级、种族和权力斗争等社会议题不能够被亲密性情感加以衡量的时候，当它们不能够充当一面镜子的时候，它们便不再能够引起人们的情感或者关注"[2]。这是对自恋为何会造成公共生活衰落的一种解释。

自恋极易蔓延，因为它带有很多诱惑。自恋以社交媒介、大众文化产业、教育机构为主要传播载体，鼓动着人们的自我欣赏，在"实现自我""自我价值"等话语的加持下，在世界各地迅速扩散，改变了社会文化。在可见的将来，"只要人们继续热切期望得到虚假的反馈、沉浸于虚幻的亲密关系，更喜欢表面上的光鲜而非本质——也就是说，只要在人生这场游戏中虚幻可以胜过现实——那么自恋之风便将继续繁荣下去。而只要自恋不断增长，我们就有可能看到一种越来越建立在夸大的

1　理查德·桑内特：《公共人的衰落》，李继宏译，上海：上海译文出版社，2014年，第444页。

2　同上书，第445页。

自我认知、肤浅的人际关系、毫无羞耻的自我推销，以及过度寻求关注等虚假基础之上的文化"[1]。

自恋不仅是个体的，也可以是群体的，社群、种族、国家等都可以成为自恋者。群体性的自恋把自己所属的群体（如社会组织、种族、国家）视为"中心"，自我美化，自我迷恋，夸大自己群体的价值，与此相应的是贬低甚至污名化他者，进而导致对他者的排斥。绵绵不绝的极端民族主义、种族中心主义，在某种程度上都是自我迷恋的产物。19世纪末20世纪初，在美国流行的"白人至上"观念就是典型的群体自恋。这类群体美化白人，贬低其他肤色的群体。即便是现在，这一观念依然大有市场。美国前总统特朗普的政策就带有"白人至上""美国至上"的色彩——强调白人利益和美国利益，排斥移民。

心理学研究发现了"乌比冈湖效应"（Lake Wobegon Effect）。"乌比冈湖"是电台节目主持人加里森·凯勒（Keillor，G.）虚构出来的一个小镇，小镇上"所有的女人都很强壮，男人们都长得不错，小孩都在平均水平之上"[2]。"乌比冈湖效应"被用来指代人们高估自己的心理倾向，这也是自恋的一种。这种倾向放在国家的层面就是"国家自恋"（National narcissism），而且得到了经验研究的证实。

扎鲁姆（Zaromb，F. M.）等学者完成了一项调查，调查

---

1 简·M.腾格、W.基斯·坎贝尔：《自恋时代：现代人，你为何这么爱自己？》，付金涛译，南昌：江西人民出版社，2017年，引言，第365—366页。
2 希娜·艾扬格：《选择的艺术》，林雅婷译，北京：中信出版社，2011年，第77页。

对象是来自 35 个国家的 6185 名学生。调查者向学生们提出了关于世界历史的问题："你认为你生活的国家对世界历史有什么贡献"，并要求被试者做出 0 到 100％ 的评价，0 表示这个国家对世界历史没有贡献，100％ 表示所有贡献都来自这个国家。调查结果显示，美国学生给出的判断是 30％，这个评价已然很高，但仍低于部分国家，比如马来西亚学生的评价值为 39％。来自不同国家的被试者的判断差异很大，评价区间从 11％（瑞士）到 61％（俄罗斯）不等，总数约（所有国家的总和）为 1156％。扎鲁姆等学者认为，这些可以作为国家自恋的证据。[1] 国家自恋不仅表现在夸大自己国家的贡献，还可能演变为美化自己、排斥其他民族或国家的机制。在当下全球政治的剧烈变迁中，国家自恋带来的歧视、排斥，已经成为频繁上演的剧目。

---

1 Zaromb，F. M.，Liu，J. H.，Paez，D.，Hanke，K.，Putnam，A. L.，Roediger，H. L.，"We Made History：Citizens of 35 Countries Overestimate Their Nation's Role in World History," *Journal of Applied Research in Memory and Cognition*，2018，7(4)：521 - 528.

第八章

"过去"的力量

现代社会中的怀旧

二十世纪始于某种未来主义的空想，终于怀旧。

——斯维特兰娜·博伊姆

一、 怀旧：现代社会的流行情绪

堂吉诃德在出征后受到牧羊人的殷勤款待，他们在火上炖着一锅就要沸滚的腌羊肉，香气四溢，接着又把羊皮铺在地上，摆好朴素的便饭，诚恳邀请堂吉诃德和桑丘品尝。堂吉诃德吃饱后大发议论：

> 古人所谓黄金时代真是幸福的世纪！这不是因为我们黑铁时代视为至宝的黄金，在那个幸运的时代能不劳而获，只因为那时候的人还不懂分别"你的"和"我的"。在那个太古盛世，东西全归公有。人们与大自然相亲相爱，逍遥自在。没有欺凌，没有强暴，甚至根本用不着法律。贞洁的姑娘尽管到处乱跑，也不必担心有被强暴的危险……而我们这个可恶的时代呢，即使盖一所克里特的迷宫，把女人全关在里面，也不能保证她们的安全。

堂吉诃德继续感慨："世道人心，一年不如一年了。"[1] 哥伦比亚大学马克·里拉（Lilla，M.）教授在《搁浅的心灵》一书中引用了这段故事，来解释思想界的怀旧情绪。堂吉诃德说的"黄金时代"是否曾在人类社会出现过，并不重要。重要的是人们对"黄金时代"的想象和投射的情感。对黄金时代的怀念就是怀旧，它并不支持"人类社会是进步的"这一观念，而是

---

[1] 塞万提斯：《堂吉诃德》，杨绛译，济南：明天出版社，1996 年，第 28—29 页。

在"今—昔"的对比中贬今扬昔，感叹"一年不如一年"。过去的世界很容易获得人们的感动，它因为缺席或"消失"而更加强大。[1]

"怀旧"一词首次出现在瑞士医生侯佛（Hofer，J.）在1688 年发表的一篇医学论文中，被用来表示因离家出走而产生的身体上的痛苦。[2] "怀旧"的英文单词 nostalgia 由两个希腊词根构成，nostos 表示返乡，algia 表示怀想、渴望、痛苦。[3]我们可以从词根的构成中看出怀旧最直接的含义：因痛苦、怀想而渴望返乡。人们曾经把怀旧视为一种生理上的疾病[4]，在17 世纪，它被认为是一种可以治疗的疾病，瑞士的医生们相信，鸦片、水蛭、到阿尔卑斯山的远足，都能对付它。[5] 后来人们逐渐摆脱病理化的框架，将怀旧理解为一种文化现象。

到了资本主义社会，对过去的怀念成了一种流行情绪，这源于资本主义社会的新特征。马克思在《共产党宣言》中这样

1 Casey，E. S.，"The World of Nostalgia," *Man and World*，1987(20)：378－379.

2 斯维特兰娜・博伊姆：《怀旧的未来》，杨德友译，南京：译林出版社，2010 年，第 3 页。Hamilton，K.，Edwards，S.，Hammill，F.，Wagner，B. & Wilson，J.，"Nostalgia in the Twenty-first Century," *Consumption Markets & Culture*，2014，17(2).

3 斯维特兰娜・博伊姆：《怀旧的未来》，杨德友译，南京：译林出版社，2010 年，导言，第 2 页。Hamilton，K.，Edwards，S.，Hammill，F.，Wagner，B. & Wilson，J.，"Nostalgia in the Twenty-first Century," *Consumption Markets & Culture*，2014，17(2).

4 Batcho，K. I.，"Nostalgia：The Bittersweet History of a Psychological Concept," *History of Psychology*，2013，16(3)：165－176.

5 斯维特兰娜・博伊姆：《怀旧的未来》，杨德友译，南京：译林出版社，2010 年，导言第 2 页。

描述资本主义社会的状况："一切坚固的东西都烟消云散了，一切神圣的东西都被亵渎了。"这句话流传很广，后被英国著名社会学家伯曼引用，来描述现代性的体验。伯曼说：

> 今天，全世界的男女们都共享着一种重要的经验——一种关于时间和空间、自我和他人、生活的各种可能和危险的经验。我将把这种经验称作"现代性"。所谓现代性，就是发现我们自己身处一种环境之中，这种环境允许我们去历险，去获得权力、快乐和成长，去改变我们自己和世界，但与此同时它又威胁要摧毁我们拥有的一切，摧毁我们所知的一切，摧毁我们表现出来的一切。现代的环境和经验直接跨越了一切地理的和民族的、阶级的和国籍的、宗教的和意识形态的界限：在这个意义上，可以说现代性把全人类都统一到了一起。[1]

当人们丧失了传统社会的稳定感和安全感，失去了共同体生活，不得不独自面对这个世界的时候，对"过去"的怀念就容易在社会中流行，这种情绪就是"怀旧"。

怀旧是一种现代性的情感体验，因为"现代人才更渴望转向过去和历史寻求失落的永恒，以怀旧作为通达精神家园的捷

---

[1] 马歇尔·伯曼：《一切坚固的东西都烟消云散了：现代性体验》，徐大建、张辑译，北京：商务印书馆，2013年，导论第15页。

径"[1]。博伊姆认为，当下"全球都在流行这种怀旧病，越来越多的人渴望拥有一种集体记忆的共同体情感，渴望在一个碎片化的世界中获得一种连续性"。[2] 现代社会的急速变迁让人们失去了稳定性，不确定性的增加带来了不安全感乃至恐慌感，共同体的衰落导致个体的原子化，每个人不得不孤零零地面对这个世界。在文化生产和消费领域，新技术在塑造、传播和利用怀旧情绪方面，无处不在地发挥着作用，它让"过去"变得可见，"过去可以通过互联网和各种媒体即时获得，可以通过大量生产的商品或过去产品的仿制品购买"，[3] 技术进步和数字媒体的环境在过去和现在之间产生新的机制，影响着个人和共同体的关系。[4] 现代社会的这些特征使其与怀旧之间关系密切。关于怀旧的大量学术研究也一直将这一概念与社会转型联系在一起，比如加速城市化或大规模移民引发的恐惧反应。[5] "到了21世纪，这种一直存在的疾病逐渐演变成不可治愈的现代状

1 赵静蓉：《现代怀旧的三张面孔》，《文艺理论研究》2003年第1期，第81页。

2 转引自齐格蒙特·鲍曼《怀旧的乌托邦》，姚伟等译，北京：中国人民大学出版社，2018年，第5页。

3 Hamilton，K.，Edwards，S.，Hammill，F.，Wagner，B. & Wilson，J.，"Nostalgia in the Twenty-first Century," *Consumption Markets & Culture*，2014，17（2）：101-104.

4 Hamilton，K.，Edwards，S.，Hammill，F.，Wagner，B. & Wilson，J.，"Nostalgia in the Twenty-first Century," *Consumption Markets & Culture*，2014，17（2）：101-104.

5 转引自同上。

况。20 世纪始于未来派的一种乌托邦，却止于这种怀旧病。"[1]
本书在现代性的框架中讨论怀旧的情感构成、形成机制及其政
治、文化后果。

19 世纪后期开始，对于怀旧的界定从医学领域转移到了文
化领域，从对一个失落的地方的空间想象，转移到对一个失落
的时代的时间想象。[2] 这说明怀旧包含两个维度——时间和空
间，这可以作为分析怀旧的框架。在时间维度上，怀旧是关于
过去的浪漫想象，它在个体或群体的当下与过去之间建立连
接，赋予过去特定的意义；在空间维度上，怀旧是关于地方的
想象，比如乡村社会、童年成长地等。时间和空间并非绝对割
裂，两者在怀旧中常常纠缠在一起：怀念的地方是处于某一个
时间点的地方；空间的意义则与童年、传统等时间概念联系在
一起。时间和空间共同构成了人类行动发生的环境。尽管如
此，不同类型的怀旧有不一样的偏向，有的明确怀念一段过去
的（想象中的）"黄金时代"（例如"民国怀旧"），有的则是
指向一个具体的地方，或者某种与特定地方相关的生活方式
（比如对乡村田园生活的怀念）。

怀旧是一个范围广泛的概念，有不同的类型。大多数人在
日常生活中都会不时地产生怀旧的情绪，比如人们会怀念童

---

1 转引自齐格蒙特·鲍曼《怀旧的乌托邦》，姚伟等译，北京：中国人民大学出版社，
　2018 年。
2 Hamilton, K., Edwards, S., Hammill, F., Wagner, B. & Wilson, J., "Nostalgia
　in the Twenty-first Century," *Consumption Markets & Culture*, 2014, 17(2):
　101.

年、某些生活物品、人生某一阶段的经历等。一些商业营销也会经常借助这种类型的怀旧：通过重构过去的场景唤起人们的情感体验，其目标包括经历过那个阶段和未经历过那个阶段的人。[1] 这种意义上的怀旧通常并不构成对当下的批判，难以形成某种明确的价值观念或意识形态，又带有浓厚的个体色彩，也不容易引发能够影响社会或政治的行动。它虽然也赋予了过去某种意义，但总体上怀念的"过去"是对"当下"的补充。怀旧会有一些物化形式，一首歌、一个物件，都可以成为怀旧的物质载体。一些群体由于有着共同或相似的经历，也会形成集体怀旧。例如出生于 20 世纪 80 年代的群体，在文化消费上，有着相似的经历，他们可能会产生集体的怀旧感。商业中的复古营销正是抓住了人们的怀旧情绪。

怀旧有多种形态和功能。日常的怀旧虽然具有关于幸福、美好的价值判断，但这种价值判断比较碎片化，不成体系。带有审美色彩的怀旧和政治怀旧，则有着明确的价值判断。审美色彩的怀旧主要针对的不是某个具体的地方、物品、人生经历，而是指向某种生活方式。怀旧者将这种生活方式建构为在审美或道德上更具价值的事物。比如，在现代工业日益发达的社会，乡村田园生活被赋予了美学或道德价值，成为一些人怀旧的对象，这在文学作品经常出现。木心《从前慢》一诗的流行，恰是因为它契合了人们所怀念、向往的一种生活方式。政

---

1 来自湖南的"网红"餐饮品牌"文和友"就是商业营销怀旧的典型，它重构 20 世纪 80 年代的生活场景，唤起消费者的情感体验。

治怀旧的价值指向更为明显，它源于人们对于什么是好的政治的想象。政治怀旧者会形成比较明确的意识形态判断，甚至会做出行动，给出解决政治问题的方案。

学界对怀旧的理解主要有心理学和社会文化分析两种视角。心理学意义上的怀旧，采用问卷法、实验法和内容分析法等方式，把怀旧理解为个体内在的心理状态。但怀旧"不仅仅是某种个人的病患"，也是"我们时代的症状，某种历史的情绪"。[1] 社会文化分析的视角则将怀旧视为现代社会变迁带来的情绪现象，即关注现代社会的一系列变化如何催生了怀旧情绪的流行。两种视角皆可帮助我们理解怀旧，但也各自存在一些问题。心理学多把怀旧与个体经历、生理和心理联系在一起，没能看到作为文化现象的怀旧与现代性之关联，很少谈论社会和文化的因素。社会文化分析的视角虽然看到了怀旧与现代性的关系，但过于强调社会文化对怀旧的塑造，没有看到不同的主体是如何体验怀旧、表达怀旧和展开行动的，即忽略了对人们实践的考察。

以"实践"的路径来看，情感不只是对外部世界的反应，也是对世界的参与和介入[2]，是我们与他人互动的产物，塑造着我们和他人的关系。情感帮助创造意义，所罗门说："我们通

---

1 斯维特兰娜·博伊姆：《怀旧的未来》，杨德友译，南京：译林出版社，2010 年，导言第 5 页。
2 Solomon，R. C.，*Ture to Our Feelings：What Our Emotions Are Really Telling Us*，New York：Oxford University Press，2007.

过情感来生活，而正是情感赋予了我们生活的意义。什么使我们感兴趣或着迷，我们爱谁，什么使我们愤怒，什么使我们感动，什么使我们厌烦——所有这些都定义了我们，赋予了我们性格，构成了我们是谁。"[1] 怀旧也是人们赋予生活以意义的方式。人们通过怀旧来表达对当下的态度，对世界进行评判，建构自己与过去、当下的关系；也通过怀旧来生产意义，赋予特定的时间或空间某种价值，建构某种存在方式的意义。

二、 追寻"过去"的美好

安放"当下"，有两种时间模式，一种指向未来，即关于未来的乌托邦，设想一种美好的未来生活；一种指向过去，浪漫化"过去"，即怀旧。曾经，人们设想了许多关于未来的美好方案，但在当下，面对现代社会的诸多问题，"我们日益丧失了关于未来美好社会的各种方案的信心，并认为这些方案的结果即使不会比'现在更糟'，也一定不会比现在更好，例如那些方案并不会使我们的工资上升，并不能使我们拓展我们的职业生涯和提高我们的职业地位，并不会给我们提供新的工具和方式，不会给我们增加假日，甚至不会使服装、汽车、壁纸时尚发生多少变化。我们也日益与这样的方案背道而驰"[2]。关于

---

1 Solomon，R. C.，*Ture to Our Feelings*：*What Our Emotions Are Really Telling Us*，New York：Oxford University Press，2007.

2 齐格蒙特·鲍曼：《怀旧的乌托邦》，姚伟等译，北京：中国人民大学出版社，2018年，第179页。

未来的乌托邦在衰落，怀旧的情绪开始占据现代社会的各个角落，帮助人们抵御现代社会的剧烈变迁。斯维特拉娜·博伊姆认为，怀旧这种流行病是"身处生活与历史加速剧变的时代中的人们的一种防御机制"。[1] 这一节将分析现代社会的哪些变化促使人们向"过去"寻找生活的意义。

"未来"曾经寄托着人们的希望和信心。"明天会更好"是进步主义者的信条。但在当代社会，人们却逐渐失去了对未来的信心。当未来不能给人希望的时候，当未来无法提供生存意义的时候，人们就容易将目光转向"过去"，"当我们寻求真正有意义的理想时，怀旧的我们会回到那些早被埋葬的过去的各种思想和观念"[2]。公众也会担忧和恐惧未来，"从原来十分关注减少世界的不确定性、希望改变未来那明显的不可信任，转而把希望寄托于他们仍依稀记得的过去，他们认为稳定、可信任而有价值的过去"[3]。曾经寄托人们美好期望的"未来"，为何会在现代社会失去了被信任的资格？或者说，现代社会的哪些变化让人们失去了对未来的信任？

现代社会是一个"加速社会"。人们被卷入一种前所未有的快速生活之中，一切都在变化，处于流动中。"速度"改变了人们之间的情感关系，改变了人与人之间的交往。在这种状况下，

---

1 齐格蒙特·鲍曼：《怀旧的乌托邦》，姚伟等译，北京：中国人民大学出版社，2018年，第5页。
2 同上书，第179页。
3 同上书，导言第11页。

现代人可能会怀念"慢生活"。怀旧是社会性的，是"超出了个人的心理的。初看上去，怀旧是对某一个地方的怀想，但是实际上是对一个不同的时代的怀想——我们的童年时代，我们梦幻中更为缓慢的节奏"[1]。木心有一首近年来流传甚广的诗——

从前慢

记得早先少年时

大家诚诚恳恳

说一句是一句

清早上火车站

长街黑暗无行人

卖豆浆的小店冒着热气

从前的日色变得慢

车、马、邮件都慢

一生只够爱一个人

从前的锁也好看

钥匙精美有样子

你锁了，人家就懂了

这首诗在当下被广为传颂，因为它表达了人们在快节奏下对于慢生活的向往。这首诗把"从前"与当下对比，呈现出过去的

1　斯维特兰娜·博伊姆:《怀旧的未来》,杨德友译,南京:译林出版社,导言第 4 页。

简单、平淡、慢节奏，在这个意义上，怀旧可以被认为就是对现代的时间概念的叛逆。[1] 《从前慢》是一首带有怀旧色调的诗。在"过去—当下""慢—快"的二元对比中，"从前"被选择性地建构为美好的、令人向往的时光。

现代社会为人们提供了更多的自由、选择和可能性。人们已经不再像传统社会那样受制于各种先天的因素，可以较为自由地选择社会关系和身份。但自由同时也是一个难以承受的重担，弗洛姆（Fromm，E.）在《逃避自由》中论述了自由带来的安全感和归属感缺失，人们迫切地想"逃避自由"。自由意味着充满无限的可能性，也意味着充满了不确定性。而不确定性会带来恐惧、焦虑、不安等情感，它们会推动人们产生对传统共同体具有的安全、归属的渴望，这是怀旧情绪产生的因素之一。在个体化、原子化的时代，人们容易产生对共同体的怀念，而共同体类型多样，比如公社、单位，乡村社会中的家族、宗族等。

媒介推动的大众文化产业、影像产业的发展对怀旧文化的形成起到了推波助澜的作用。大众文化将"怀旧"作为消费或者审美的对象，把万千受众卷入其中。复古的商品，充满历史情调的商业街、餐厅、服装，唤起了人们的怀旧情绪。快速发展的影像技术把往日的景象呈现在人们面前，塑造着浪漫的往日情调，甚至可以赋予"过去"以更多美感。博伊姆指出，"怀

斯维特兰娜·博伊姆：《怀旧的未来》，杨德友译，南京：译林出版社，导言第4页。

旧的引人入迷的对象，众所周知是难以把握的。这种扑朔迷离的情感渗入了 20 世纪的通俗文化，技术的进步和特技效果常常被使用来再现过往世纪的景象，从沉没的'泰坦尼克号'到垂死的角斗士，到早已灭绝的恐龙。不知为何，进步并没有医治好怀旧情感，反而使之趋于多发。"[1]

现代社会的怀旧多种多样，体现在许多领域。近年来，对民国的怀旧成为一种流行文化，在互联网上、在部分知识人当中，都可以察觉到这种情绪。商业机构也迎合人们的怀旧情绪，各种民国服装、商业街都成为营销的商品。民国人物的奇闻轶事、民国大学的故事，都是大众文化、出版业热衷的话题。这些故事被改编为各种类型的叙事，图像、影像、流行的故事，为人们津津乐道。民国热"将民国塑造成一个虽然政治动荡，却充满人文精神和创造力的时期——大师辈出、精英涌现，个个都有着独立的人格和高贵的精神气质"[2]。对民国的怀旧为何发生？一部分民国怀旧带有对一个过去时代猎奇的心理；一部分的怀旧是审美取向的，充满了对民国文化的浪漫想象；还有部分怀旧情绪是带有批判的，即以怀旧表达对当下的不满，怀念过去，针对的是当下的缺失。有学者总结了民国怀旧热背后的政治和市场诉求："对于中产阶级而言，一方面，在

1 斯维特兰娜·博伊姆：《怀旧的未来》，杨德友译，南京：译林出版社，2010 年，导言第 2 页。
2 祝鹏程：《怀旧、反思与消费："民国热"与当代民国名人轶事的制造》，《民族艺术》2017 年第 5 期，第 29 页。

'后革命'的时代里想象民国文人政要、编造真假混杂的传闻，寄托了他们重新评价现代中国历史的意愿，也是他们在社会转型期表达不安与焦虑的策略。另一方面，这些趣闻轶事是在大众媒介中产生的，深受消费主义的影响。"[1]

反全球化的浪潮也与怀旧之间有着若隐若现的关联。近年来，全球化的发展并未像之前设想的那样成为历史趋势，反而遭遇诸多障碍和抵制。全球化带来了人员的全球流动，也带来了碰撞和冲突；它让一些国家、一些人群获利的同时，也导致另一些群体受损。反全球化的浪潮由此产生。在这股浪潮中，对过去的怀念成为一种推动因素。2016 年，英国全民公投决定"脱欧"；2018 年，英国女王批准英国"脱欧"法案，允许英国退出欧盟；2020 年，欧盟正式批准了英国"脱欧"。英国"脱欧"是近年来反全球化浪潮中的代表性事件，这首先源于英国的现实利益考量，但背后也与英国人对当下不满，以及对辉煌历史的怀念息息相关。一位华裔记者描述了英国人对过去的情结：

> 在伦敦周边的英格兰乡间走走，能看到农场和乡间路边到处展示支持英国脱离欧盟的"投票离开"（Vote Leave）标语。而在城市里，这样的表达更加含蓄，从一个退休的友善女士口中，你可能无法得到英国"脱欧"还是"留欧"的洞见。但她常挂在嘴边

1　祝鹏程：《怀旧、反思与消费："民国热"与当代民国名人轶事的制造》，《民族艺术》2017 年第 5 期，第 35 页。

的是：外来人口越来越多，"周围越来越不像过去的英国"。而这，便是许多"退欧派"心中最大的"情结"。[1]

"周围越来越不像过去的英国"，曾经生活的地方变了模样，对于想象中的过去的追寻，成了英国"脱欧"进程中的情绪之一。这种对过去的怀念也影响着欧盟的政治。被认为代表全球化、全球合作的欧盟的成立，给成员国的主权带来了一定的冲击，发展至今，欧盟内部开始出现民族主义的思潮，一些人开始怀念欧盟之前的时代。哈维尔·索拉纳（Solana，J.）指出，"欧盟出现了一种危险的怀旧病症状。对'过去的好时光'——在欧盟被认为可以冲击或超越国家主权之前的时光——的渴望，导致了民族主义政党的出现；而且，欧洲各国的领导人仍在试图用昨天的办法来解决今天的问题。"[2]

反全球化中的怀旧还表现在特朗普的竞选口号中。2016年，特朗普在美国大选中获胜，竞选口号"Make America Great Again"（让美国再次伟大）传遍了世界。这句口号之所以能吸引美国选民，正是因为它击中了美国人的复杂情绪：对美国地位衰落的恐惧、对强大时代的怀旧、对再次强大的渴望。怀旧情绪的机制是不满于当下地位的下滑而怀念过去的时

1　土木：《所谓的"脱欧公投"，不过是一场怀旧》，观察者网，2016 年 6 月 23 日，https://www.guancha.cn/TuMu/2016_06_23_365076.shtml。

2　转引自齐格蒙特·鲍曼《怀旧的乌托邦》，姚伟等译，北京：中国人民大学出版社，2018 年，第 5 页。

代，通过想象过去而补偿当下的失落。

三、 建构"地方"的意义

罗大佑的首张专辑《之乎者也》在 1982 年发行，第一首歌便是《鹿港小镇》。罗大佑创作这首歌时，台湾正在快速走向现代化，城市文明和乡村文明的对立也在加剧。大批年轻人远离故土，从乡村涌入城市，在城市中遭遇困惑、疼痛，"人们得到他们想要的却又失去他们拥有的"，萌生了思乡的情绪。《鹿港小镇》表达的正是城市文明和乡村文明的冲突以及年轻人的乡愁。台北是城市的代表，鹿港则是乡村社会的代表，两者的冲突被罗大佑表达得淋漓尽致。他在歌词中写道："台北不是我的家/我的家乡没有霓虹灯/鹿港的街道/鹿港的渔村/妈祖庙里烧香的人们/台北不是我的家/我的家乡没有霓虹灯/鹿港的清晨/鹿港的黄昏/徘徊在文明里的人们。"罗大佑以愤怒又悲凉的嗓音唱出了台北青年的思乡情绪。歌曲通过比较传统的鹿港小镇与现代化的台北，建构出"鹿港小镇"的特殊意义。

"地方"是怀旧中不可或缺的元素。怀旧的最初含义就指向"地方"——那个远离的故乡。怀旧并不是怀念一个具体地点，而是一个世界、一种生活方式、一种存在方式。[1] 乡愁指向怀旧者想象中的美好生活方式。《鹿港小镇》的城乡对立，本质上是空间（space）与地方（place）的对立。段义孚论述

---

1 Casey，E. S.，"The World of Nostalgia，" *Man and World* ，1987(20)：361 – 384.

了空间与地方的区别。他指出，在西方世界中，空间往往象征着自由，"空间是敞开的，它表明了未来，并欢迎付诸行动"。但空间和自由也意味着一种威胁，"它不存在已经成型的、具有人类意义的固定模式"。与空间相比，"地方是一个使已确立的价值观沉淀下来的中心"。可见，空间意味着自由，但同时也具有风险，地方则意味着安全感，"人类的生活是在安稳与冒险之间和依恋与自由之间的辩证运动"[1]。"地方"给人们提供安全感，为生活创造意义。来到台北的年轻人，虽然有自由，有繁华，有可以追求的未来，但没有亲人，没有信仰。《鹿港小镇》表达了 1980 年代台湾年轻人的怀旧情绪。怀旧者通过"地方"意义的界定和形塑，来批判甚至对抗现代工业文明。

以回归"地方"来对抗现代工业社会的空间，这是空间维度的怀旧情绪常有的形成模式。在碎片化的当代社会，"空间"日益丰富，消费的、休闲的空间分布在各大城市。但能够承载人们记忆、情感和意义的"地方"却遭受现代性的冲击。人们开始以怀旧来对抗现代社会的支离破碎，怀念和追寻"地方"。在中国的现代化过程中，一方面"空间"不断扩张，城市化迅速发展，大量的年轻人从乡村涌入城市；另一方面，人们对故乡的怀念也绵绵不绝。大众文化、日益发达的影像产业在乡村怀旧的生产中推波助澜。

带有审美色彩的乡村怀旧尚不会带来直接的政治和社会后

1　段义孚：《空间与地方》，王志标译，北京：中国人民大学出版社，2017 年，第 44 页。

果。但政治生活中的"地方"怀旧，却可能带来社会排斥。特定"地方"被怀旧者建构成本质性的"空间"。为了维护"地方"的纯洁，怀旧者会拒绝外来人加入，因为陌生人意味着不确定性和风险，意味着文化差异和不得不进行的容忍，意味着被抢走的工作机会，"陌生人所代表的，就是生活中那些闪烁含糊、暗淡衰弱、不稳定和不可预见的事物，它们使我们感到不能确定自己的未来"[1]。拒绝甚至驱逐陌生人，可能会成为怀旧者重建想象中的"地方"的方式，进而带来排斥的兴起和民族主义的盛行。博伊姆认为，怀旧是全世界民族主义复兴的特征，民族主义的怀旧通过返回本民族的象征，创造反现代的神话。[2]

四、"今不如昔"：怀旧如何影响社会?

尽管在任何时代都可能出现怀旧情绪，但本书的论述表明了现代性和怀旧之间更具亲密关系。正是现代性的诸多特征导致了怀旧情绪的流行。怀旧是一个范围很广的概念，包含从个体在日常生活中对人生某一阶段的怀念，到能够引发政治行动的怀旧。怀旧的光谱包含了许许多多的东西。怀旧处理的是怀旧主体所存在的当下与过去的关系。人的过去提供了人的意义

---

[1] 齐格蒙特·鲍曼：《怀旧的乌托邦》，姚伟等译，北京：中国人民大学出版社，2018年，第85页。
[2] 斯维特兰娜·博伊姆：《怀旧的未来》，杨德友译，南京：译林出版社，2010年，第46页。

感，是人尊严的重要来源。怀旧可以带来个体的连续感，让人们感觉安全。不少学者都指出怀旧的积极功能，比如怀旧被认为能产生积极的情感，保持和增强积极的自尊[1]，还能帮助人们更广泛地获得和保持生活的意义感。[2]

公共生活中的怀旧也是一种批判力量，一种介入世界并进行道德评判的方式。在时间上，它通过对过去的浪漫化，反思和批判当下。"过去"成为人们评价当下的参照系。对"黄金时代"的怀念，实则是表达对当下的不满。在空间上，它通过塑造"地方"的意义，展开对城市空间和现代工业文明中同质化空间的批判。怀旧让人们在各种空间中寻找着有意义的"地方"。无论是"过去"还是"地方"，都不等同于某种具体的时间和地点，而是某种类型的意义世界。通过怀旧，人们寻求意义，对过去的感伤与渴望，能够使人们获得并保持一种观念——他们的生活是有意义的。[3] 在充满不确定性的年代，恐惧和焦虑在全球流行和蔓延，怀旧是人们应对这两种情绪的方式。

怀旧拥有强大的力量，在政治生活中，它能影响选民的行动，影响公共政策的制定。它不像恐惧、愤怒等情感那样有着

---

1 Routledge, C., Wildschut, T., Sedikides, C., Juhl, J. & Arndt, J., "The Power of the Past: Nostalgia as a Meaning-making Resource," *Memory*, 2012, 20(5).

2 Routledge, C., Arndt, J., Wildschut, T., Sedikides, C., Hart, C., Juhl, J., et al., "The Past Makes the Present Meaningful: Nostalgia as an Existential Resource," *Journal of Personality and Social Psychology*, 2011(101): 638 - 652.

3 Routledge, C., Wildschut, T., Sedikides, C., Juhl, J. & Arndt, J., "The Power of the Past: Nostalgia as a Meaning-making Resource," *Memory*, 2012, 20(5).

明显的、直接的后果，却"能够形成一股强大的政治动力，它的力量甚至强过希望。希望可能破灭，而怀旧却无懈可击"[1]。恐惧的力量源于人的本性中对于安全的需求，它以消灭危险为目标；愤怒的力量来源于人们被冒犯的感受，它可以带来暴力，也可以促进社会的公正。与这两种情感相比，怀旧具有审美色彩。审美性赋予怀旧以道德价值。恐惧需要掩饰，愤怒需要管理，但怀旧却可以正当地被表达、被实践。

现代社会的怀旧情绪主要包括对共同体生活的怀念、对童年的怀念及对农业文明、田园生活的赞美。不同怀旧产生的后果是不同的。怀旧是一种思考框架，它塑造着政治怀旧者看待当下与过去、我们与他们的方式。怀旧者相信过去曾有一个美好的时代，并且他们可以以返回或前进的方式回到那个时代。马克·里拉说，"政治怀旧反映了一种富有魔力的思考历史的方式。历经磨难的人愿意相信，与现今截然不同的黄金时代曾经存在，而他却拥有隐秘的知识来解释黄金时代为何终结。但他与当代革命者的区别在于，当代革命者的行动受到他对于进步和即将到来的人类解放信念的鼓舞，而怀旧的革命者并不确定该如何看待未来，也不确定如何活在当下。"[2]

怀旧者不信任未来，不相信人类有更好的、更进步的选择，正如鲍曼指出的，怀旧者丧失了对未来的信心，在他们眼中，未来是不可信、不可控的，是应该被谴责和嘲笑的。他们

1 马克·里拉：《搁浅的心灵》，唐颖祺译，北京：商务印书馆，2019 年，第 9 页。
2 同上书，第 17 页。

转身寄希望于"过去",选择相信"过去"的时代更能够治愈当下的问题。[1] 由于不相信未来可以更美好,怀旧者在面对社会变革的时候会产生保守思想,将希望寄托于想象中的已经过去的"美好时代",而不愿意面对未来的挑战,可选择的道路不是充满各种可能的,而是要回到过去的模式,"'过去'成了(真正的或公认的)值得信任的对象,人们逐渐放弃了选择那即将破产的希望和未来的自由,更不再为之而努力"[2]。可是,人类社会的任何进步和变革都充满不确定性,带有冒险意味。放弃了未来,放弃了不确定性,也就放弃了社会进步的可能。

怀旧看似面对的是"过去",却指向一个并不存在的乌托邦,这是因为"让我们不可能再回到过去的不仅是这个世界已经过去了(过去了,过去了,结束了),而且从根本上说,过去从来没有严格意义上的存在过"。那种美好的"过去"往往只存在于怀旧者的想象之中。他们所怀念的世界"既明确又不可企及"[3]。因此,怀旧在本质上是一个乌托邦。怀旧者不会提供严格证据来说明过去的黄金时代如何存在,他们更习惯于将审美、欲望投射到一个想象中的世界。至于这个世界是否真正存在过,并不是怀旧者深思熟虑的问题。苏珊·斯图尔特(Stewart, S.)指出了怀旧的乌托邦本质:"怀旧,就像任何形

---

1 参见齐格蒙特·鲍曼《怀旧的乌托邦》,姚伟等译,北京:中国人民大学出版社,2018 年。

2 同上书,第4—5 页。

3 Casey, E. S., "The World of Nostalgia," *Man and World*, 1987(20): 379.

式的叙事一样，总是意识形态的：它所寻找的过去除了作为叙事从未存在过。"[1] 借用洛温塔尔（Lowenthal，D.）的一句话，可以说怀旧者"把过去作为一种信仰而不是事实来加以崇敬"[2]。

1 Stewart，S.，*On Longing—Narratives of the Miniature，the Gigantic，the Souvenir，the Collection*，Durham & London：Duke University Press，1993. 转引自 Velikonja，M.，*Titostalgia：A Study of Nostalgia for Josip Broz*. Ljubljana：The Peace Institute，2008，p. 27。
2 转引自齐格蒙特·鲍曼《怀旧的乌托邦》，姚伟等译，北京：中国人民大学出版社，2018 年，第 84 页。

第九章

希望、焦虑与苦闷

青年群体社会心态的三个侧面

希望乃是反对恐惧和害怕的期待情绪，因此，在一切情绪活动以及只有人才能到达的情绪中，希望是最人性的东西。与此同时，希望与最辽阔的、最明亮的视域相关联。

——恩斯特·布洛赫

一、"在希望的田野上"

在深圳有一群青年，工资日结，工作一天，休息三天，对未来没有期望。这是《三和青年》一书描述的群体。此书的作者在接受媒体采访时说："提高三和青年的收入待遇是最好的方法，这让他们起码对生活有个期望。现在三和青年的问题就是他们对生活没有期望，破罐破摔。他们想象当中的期望值是他们的能力远远达不到的。这就好像学习差的学生去考试，看了一眼卷子就知道自己会不及格，那这些差生为啥还花那么多时间认真答卷子呢？"[1] 这段话把三和青年的心态和行为与"期望"这个概念结合在一起。"期望"与"希望"在含义上虽有所区别，但在这里，两个概念可以替换。希望/期望是人们对未来的预期和信心，它可以促使人们采取积极的行动。丧失希望会给个体和社会带来负面的后果。

"三和青年"是当代青年社会心态的一个侧面。当下公共空间流行的"躺平""内卷""佛系"等话语，背后也与这种心态有着或隐或显的关联。如何解释这种社会心态？本书试图从希望、焦虑与苦闷三个概念入手，探讨它们对青年行为和公共生活的影响。在正式论述之前，本书先梳理三个概念之间的逻辑关系，即给出把三个概念放在一起论述的理由。如果说前面

1　徐悦东：《田丰："三和大神"的是是非非，勾连起中国发展问题的角落》，《新京报》2020 年 8 月 15 日，https://www. bjnews. com. cn/detail/159745963715497. html。

讨论的羡慕、嫉妒和怨恨三种情感都涉及对他人财富（或其他被认为有价值的事物）的态度的话，希望、焦虑和苦闷都涉及对自身行动能力的预期。每一个人都想对自己的生活、工作有掌控感，对未来有期待。当我们对行动的可能性有信心的时候，希望就产生了。所谓希望就是对"未来可能会发生"，而且"自己有能力去实现"的信心。当这种掌控感和期待充满了不确定性的时候，人们便会产生焦虑情绪。焦虑蕴含着希望和不确定性，是在可能实现也可能失败的不确定性中产生的心态。如果人们暂时或长期看不到出路，找不到改变的可能，就会产生苦闷乃至绝望。因此，希望、焦虑和苦闷是三个相互关联的概念。本书力图借助它们呈现当下中国社会（尤其是青年群体）心态的三个侧面。我们先来讨论希望。

希望研究的兴起与"情感转向"有关。心理学尤其是积极心理学对希望有很多讨论，但这一路径主要是从个体的角度探讨希望的意义。随着人们对情感的理解不断深化和"情感转向"的发生，希望研究变得越来越重要，研究维度也更加多元。[1] 什么是希望？斯托特兰（Stotland，E.）提供了整合心理学、社会学和临床方法的一次尝试。他认为，希望是实现特定目标的感知概率（perceived probability）和目标重要性的联

---

1 Miceli，M. & Castelfranchi，C.，"Hope：The Power of Wish and Possibility，" *Theory & Psychology*，2010，20(2).

合，这一观点影响随后的心理学方法。[1] 马克思主义哲学家布洛赫（Bloch，E.）认为希望是一种个人和社会资源，具有创新的力量，因为它预测了一种"可能的现实"，能够推动人们为实现它而努力。[2] 希望与未来相关，是人们关于未来的预期和信心，是对自己人生规划的掌控感。它被认为是一种盾牌和极其重要的资源，能抵御未来的不确定性、过早的气馁和放弃追求所带来的负面后果，帮助人们忍受挫折。[3] 希望在促进个人幸福方面发挥关键作用。[4] 在这些研究的基础上，本书把希望理解为人们实现美好愿望的信心，是人们应对风险、不确定性和人生规划的积极资源。它与社会文化相关，是影响人们行为的重要因素。

希望在不同群体中的分配是不均匀的。希望的分配虽然与资源相关，但并不完全依赖于占据资源的多少。希望与人们对可能性的感知有关。虽然政治、经济和文化资源可以赋予个体更多的可能性，带给个体更多的希望，但资源匮乏的群体依然可以拥有希望，如果社会给予他足够多的机会的话。反过来，

---

1 Stotland，E.，*The Psychology of Hope*，San Francisco：Jossey-Bass，1969. 转引自 Miceli，M. & Castelfranchi，C.，"Hope：The Power of Wish and Possibility，" *Theory & Psychology*，2010，20(2)。

2 Bloch，E.，*The Principle of Hope* (N. Plaice，S. Plaice，& P. Knight，Trans.). London：Basil Blackwell (Original work published 1959)，1986. 转引自 Miceli，M. & Castelfranchi，C.，"Hope：The Power of Wish and Possibility，" *Theory & Psychology*，2010，20(2)。

3 Miceli，M. & Castelfranchi，C.，"Hope：The Power of Wish and Possibility，" *Theory & Psychology*，2010，20(2)：269 - 270.

4 Ibid.，20(2)：269.

当机会缩减的时候，占据较多资源的个体也可能会丧失希望。因此，希望是对客观处境的主观性判断，其包含两个核心要素，即希望指向的对象和对可能性的感知。这两个要素都与社会文化相关。希望的对象越是丰富，人们的希望资源就越是充足，反之，在对象比较单一的社会中，希望就容易匮乏。社会赋予人们的可能性、流动机会越多，希望资源就越多，可能性的减少也会带来希望的减少。这两个核心要素可以帮助我们解释希望以及希望匮乏的形成。

人类学者加桑·哈格（Hage, G.）讨论了当代社会希望匮乏的问题。他认为，资本主义社会催生了三种"希望的匮乏"（Scarcity of Hope）。第一种是希望的分配不均，对于弱势群体来说，希望变得越来越奢侈。第二种是希望的窄化，只有"向上流动"才值得鼓励，"向下流动""向左流动""向右流动"完全在想象之外。第三种是欲望的不断延后，制造一种永远推迟实现，甚至无法达到的希望。[1] 希望分配不均，会导致弱势群体失去对未来的信心，甚至产生绝望的情绪，自我放弃。仅仅给予少数特权的人以信心，让他们有计划地追求自己的希望，会导致现代世界缺少培养乐观主义的基础。[2] 希望的窄化会导致人们对"美好事物"的理解变得单一，鼓励人们进入狭窄的竞争通道，少数群体获得成功，大多数人则可能丧失希望

1　转引自许宝强《情感政治》，香港：天窗出版社有限公司，2018 年，第 101 页。

2　Braithwaite, V., "Collective Hope," *The ANNALS of the American Academy of Political and Social Science*, 2004, 592(1): 10-11.

和竞争的动力。欲望的不断延后造成人们失去对当下生活的关注，否定当下的意义。希望匮乏的极端是绝望，这是一种丧失未来的境况，"绝望可以被认为是人类最糟糕的状况。如果没有对更美好未来的可能性的期待，就没有有意义的未来，也就没有什么理由活得更好"[1]。绝望会对社会带来极大的伤害。

这三种希望匮乏的状态在当代中国社会已经有所表现：贫富分化的问题导致一些群体失去了对未来的希望；希望窄化造成人们纷纷以较为单一的标准来衡量人生价值和规划未来；不少人不断延后欲望的满足，以抽象的未来作为自我的追求，放弃对当下幸福的把握。当然，也有不少人宣称要"躺平"和"活在当下"，但这些话语背后并不是真正的"肯定当下"，而是在希望匮乏的背景下，一些群体失去了规划工作、人生的愿望和能力，不得不选择"停留"在当下。真正的希望是"肯定当下的愉悦和喜乐，寻求不断增长自身的能动力，让生命可以变得更有活力和能量，这种'希望'要的并非是一种静止的完美状态，而是不断生成的过程，持续积累生命的存在意义"[2]。

希望在政治生活中也发挥着重要的作用。一个时代越是充满不确定性，希望的意义越是重要，它被政治家利用的概率也就越大。在希望匮乏的年代，它被政治家用于政治动员，缓解社会焦虑情绪，减少大众恐惧，建构人们对政治家、政治制度

1　Miceli，M. & Castelfranchi，C.，"Hope：The Power of Wish and Possibi.ity，" *Theory & Psychology*，2010，20（2）：270.

2　许宝强：《情感政治》，香港：天窗出版社有限公司，2018 年，第 130 页。

的信心。例如，特朗普的那句"让美国再次伟大"的宣言，承诺的是一个可能的美好未来，用来重振美国人民对国家强大的希望。在自然灾害暴发、经济大萧条时期，恢复人们对经济、政治系统的希望与信心，也成为各个国家动员的目标。

从社会层面而言，个体的希望虽然重要，但如果不能从中产生集体的希望情绪，那么也可能造成悲观、消沉、绝望情绪的流行，正如布莱斯维特（Braithwaite，V.）所指出的："一个社会要有良好的希望，就必须从个人的希望中锻造出集体的希望。"[1] 集体希望的生成依赖于资源在不同群体之间的公平分配，依赖于社会观念和成功标准的多元。希望和解放之间关系密切，"没有解放的希望可能会引起沮丧和绝望。但是，带来解放的结构性改革，尽管很重要，如果没有希望的政治，就无法实现"[2]。因此，社会希望的生成还依赖于社会结构的改革。希望有许多"敌手"，比如恐惧、焦虑，恐惧的传染会迅速地剥夺集体的生产力和动力。[3] 陷入恐惧和焦虑中的社会，难以形成集体的希望。由此可见，一个社会塑造公众的希望和信心，需要资源的良好分配、社会结构的优化，以及减少恐惧、焦虑等情绪。有学者提出"希望制度"（institutions of hope）的概念，它对我们理解社会文化与希望之关系大有裨益。这一概念

---

1 Braithwaite, V., "Collective Hope," *The ANNALS of the American Academy of Political and Social Science*, 2004, 592(1).

2 Ibid.

3 Ibid., 592(1): 11.

是指"一系列的规则、规范和实践，确保我们有一些空间，不仅可以梦想非凡，而且还能做一些不寻常的事情"[1]。社会规则、规范和实践可以帮助我们塑造富有希望的社会。

二、 弥漫的焦虑

在追求希望的过程中，当人们觉得难以掌控自己生活、处于巨大的不确定性中时，就会产生焦虑。当下，这种心理状态弥漫在社会生活的各个角落，就像迈瑞·鲁蒂（Ruti，M.）描述的那样："如果说有一种不好的感觉似乎抓住了我们这个时代的本质，那就是焦虑，它似乎浸透了我们呼吸的空气。"[2] 对现代人而言，焦虑无处不在，无时不在，类型多样。多样化的焦虑渗透进每个人的日常生活。用人类学家项飙的话说，就是"焦虑面前，人人平等"——无论弱势群体还是社会精英都承受着不同程度的精神压力，都感到"比较烦"，中产阶级可能比低收入群体的焦虑还要严重。[3]

焦虑文化随着时代的变迁而发生改变。罗洛·梅（May，R.）指出，20世纪以来，人类历经了从"隐形的焦虑年代"向"显性的焦虑年代"的过渡，焦虑从只是一种"情绪状态"，

1 Braithwaite，V.，"Collective Hope," *The ANNALS of the American Academy of Political and Social Science*，2004，592(1).
2 Ruti，M.，*Penis Envy and Other Bad Feelings：The Emotional Costs of Everyday Life*，New York：Columbia University Press，2018，p.167.
3 项飙：《悬浮时代：不要去想今天的事情对明天有什么意义》，喜马拉雅音频讲座：https://www.ximalaya.com/gerenchengzhang/29648636/218163126，2019年。

变成我们"必须不计代价试图澄清界定的紧急议题"。[1] 在现代社会，社会结构、观念、媒介环境的诸多变化使得焦虑成为一种普遍性体验。我们对焦虑的讨论也是将其放在现代社会的背景下。作为急速现代化的国家，中国是讨论焦虑文化的典型案例。一方面，当下中国社会弥漫着焦虑的情绪，焦虑已经成为跨阶层的体验，是当下中国人日常生活中的情感基调。另一方面，中国社会转型浓缩了西方社会现代化进程中的诸多问题，因此"中国式焦虑"可以成为我们观察焦虑文化的形成与现代社会之关系的典型样本。

在分析青年群体焦虑的形成机制之前，我们首先要对"焦虑"进行概念的界定。当我们谈论焦虑的时候，究竟在谈论什么？这个问题没有标准答案，而取决于提问对象是谁[2]。自20世纪中叶以来，焦虑就成为科学、文学、宗教、政治等领域共同关切的话题——克尔恺郭尔、弗洛伊德、哈洛韦尔等人分别从哲学、心理学、文化诠释等角度出发，对焦虑展开分析。尽管有各领域学者的投入奉献，焦虑之谜仍未被完全解开。尽管大家都知道"焦虑是我们这个时代最为普遍的心理现象"，但就焦虑是什么，人们还没有达成一致。[3] 我们可以把它和压力、恐惧等概念做比较。压力（stress）是焦虑（anxiety）的一个近义词。不过，压力强调的是发生在某人身上的客观情况，而

1　罗洛·梅：《焦虑的意义》，朱侃如译，桂林：漓江出版社，2016年，第4页。
2　斯科特·施托塞尔：《好的焦虑》，林琳译，北京：中信出版社，2019年，第38页。
3　同上书，第39页。

焦虑强调的是对客观情况的感受。压力之所以能形成焦虑，是源于主体的认知——个人如何诠释威胁，才是关键。此外，当具体的压力迫使人们把焦点投注在确切的事务之上时，反而有助于纾解内心的混乱。就像罗洛·梅注意到的那样，压力和焦虑的运作在方向上可能正好相反，"强大的压力或许可以使人从焦虑中解脱"[1]。

另一个与焦虑相近的概念是恐惧（fear）。尽管有学者提出焦虑与恐惧"这两个词在使用的时候往往可以互换"[2]，但仍有许多学者强调它们的区别。首先，恐惧，哪怕是想象中的恐惧，都有一个具体对象——一头追赶你的狮子、一种威胁身体健康的病毒、一次可能令你失去所爱的争吵、一场迫使你失业的经济危机，而焦虑则是"非特定的、'模糊的'和'无对象的'"[3]。其次，因为恐惧可以被客体化，当它被经验成一种威胁时，就为行动预置了动机，于是人们"便可以在空间上确认它的位置，并做出调适"[4]。而焦虑无法被客体化，因此人们很难采取具体有效的行动去面对它、解决它。小罗斯福总统说，"我们唯一需要恐惧的就是恐惧本身（fear of fear）"，指的就是因为无法采取行动克服恐惧而产生的不安。所谓"恐惧本

1 罗洛·梅：《焦虑的意义》，朱侃如译，桂林：漓江出版社，2016年，第105页。
2 弗兰克·菲雷迪：《恐惧：推动全球运转的隐藏力量》，叶安宁译，北京：北京联合出版公司，2009年，第27页。
3 罗洛·梅：《焦虑的意义》，朱侃如译，桂林：漓江出版社，2016年，第186页。
4 同上书，第187页。

身",其真正意思就是焦虑。[1] 最后,是关于焦虑和恐惧孰先孰后的问题。戈尔德施泰因(Goldstein,K.)认为焦虑是一种尚未分化的情绪反应,而恐惧是从焦虑中分化出来的,是一种有机体成熟的后期发展过程。[2] 比如,当一个人感到身体不适却无法确定具体原因时,他便会处于焦虑的状态;之后通过检查发现自己得了癌症,并不得不面对手术时,他便陷入恐惧的状态。

焦虑可以划分为个体焦虑和社会焦虑。个体焦虑固然令人坐立不安,但除非它能转化成众多社会成员共享的情绪,且引发可见的社会行动,否则便无甚社会意义。个体焦虑如何转化成社会焦虑呢?亨特(Hunt,A.)指出了两个相互关联的机制:清晰(articulation)和放大(amplification)。个体焦虑常常含糊不清,难以言说,而当社会其他成员表达同样的焦虑,并通过标签予以提示时,焦虑的指向就变得具体明确,可以言说。比如父母虽担心孩子的安全,却未必清楚究竟需要担心什么,而通过对"王振华猥亵女童案""鲍某某性侵疑云"等新闻事件的关注与讨论,便会把原本不明晰的"隐忧"与"恋童癖"联系起来,从而明晰自己焦虑的原因。一旦社会成员意识到某种焦虑并非个人所有,并将之表达出来,就可能形成"共识"。人们会倾向于用"共识"来解释自己的焦虑,这

---

[1] 罗洛·梅:《焦虑的意义》,朱侃如译,桂林:漓江出版社,2016年,第13页。
[2] Goldstein,K., *The Organism:a Holistic Approach to Biology*, New York:American Book Co., 1939,p. 297.

又反过来强化了"共识"，继而放大焦虑。[1]"清晰"与"放大"机制相互作用，焦虑便会成为一种社会的集体心理状态。这种集体心理状态虽然由个体心理而来，但一经形成就有了超越个体心理的特点和功能。[2] 社会焦虑与个体焦虑的最大不同在于，不管焦虑本身是否有根有据，它都会产生切实的社会后果。比如，倘若只是个人为孩子能否享有优质教育资源感到焦虑，绝不会导致任何经济后果，可一旦有千千万万的家长都怀揣同样的焦虑，便会把学区房的价格推高到不可思议的地步。

本书要讨论的并非个体焦虑，而是一种导致了能"明显辨识的行动"[3] 的社会焦虑。我们所讨论的社会焦虑是社会历史思想研究中的一个"中间概念"[4]。一方面，它是一个被解释的概念，比如在理查德·托尼（Tawney，R. H.）看来，竞争性个人主义和社群的缺乏是当代焦虑的重要因素[5]，而弗洛姆则从资本主义自由与安全的对立来解释焦虑[6]。另一方面，焦虑又是一个解释概念，可以为我们探究、理解社会问题提供线索。从个体焦虑到社会焦虑、从社会焦虑到结构性焦虑，这一

1 Hunt，A.，"Anxiety and Social Explanation：Some Anxieties about Anxiety," *Journal of Social History*，1999，32(3)：509-528.

2 周晓虹：《社会心态、情感治理与媒介变迁》，《探索与争鸣》2016 年第 11 期，第 32—35 页。

3 Hunt，A.，"Anxiety and Social Explanation：Some Anxieties about Anxiety," *Journal of Social History*，1999，32(3)：509-528.

4 Ibid.，32(3)：511.

5 Tawney，R. H.，*The Acquisitive Society*，New York：Harcourt，Brace & Co.，Inc.，1920，p.47.

6 艾里希·弗洛姆：《逃避自由》，刘林海译，北京：人民文学出版社，2018 年。

进路"可以指向更为隐秘的社会现实"。[1]

焦虑的构成包含两种核心要素，一是不断生产的欲望，二是现代社会不确定性下个体的无力感。我们先来讨论现代社会欲望生产的问题。个体生活在社会关系中，时时刻刻都要通过"比较"来确定自己的位置，进而形成对特定事物的期待和欲望。现代社会流动的频繁、社会交往的扩大、大众传媒的发展，也极大地扩展了人们生存比较的范围。人与人之间的比较拥有了更多的可能性。人们不再满足于和"身边人"比，还要与更多的人在更多的维度上展开比较和竞争，以便占据更好的"位置"。

在扩展比较范围、生产和抬高各种欲望的同时，现代社会还鼓动它的成员以一种不同以往的方式来实现欲求。其中，比较重要的机制就是"竞争制度"，这是我们理解现代社会的重要切入点。舍勒使用这一概念，来分析现代社会人们之间的攀比意识和竞争方式。在传统社会中，人们的竞争多是在与等级相应的范围之内，并不活跃[2]。但当代社会人们的竞争显然已经超越了"与等级相应的范围"。它建立了非常激烈的竞争制度，将每一位个体纳入其中。为了在竞争中获得优势，人们必须"赢在起跑线上"。这句风行于教育领域中的流行语，用来

---

1 张慧、黄剑波：《焦虑、恐惧与这个时代的日常生活》，《西南民族大学学报》2017 年第 9 期，第 6—12 页。

2 马克斯·舍勒：《价值的颠覆》，刘小枫编校，罗悌伦、林克、曹卫东译，北京：生活·读书·新知三联书店，1997 年，第 20 页。

概括当下的竞争再合适不过。

现代社会的生存比较方式催生了大量的、形式多样的欲求，迅速拉升了人们的期待。与此同时，个体的无力感却随着社会不确定性的增强而不断加剧。需要注意的是，现代人的个体无力感并非"无能"，而是一种介于"我应该且可以掌控"和"不由自主地失控"这两种状态中的吊诡体验。现代社会强调拥有自由选择权利的个体"应该"掌控命运，争取自己的欲求之物。同时，现代社会也反复向个体灌输"你'可以'掌控命运"的信条，但它无法消除个体的"失控感"，并且不断生产出的各种类型的不确定性，反而增加了社会焦虑。

焦虑是跨年龄的体验，父母为子女教育而焦虑，青年群体为就业机会而忧心忡忡。多数人主动或被迫卷入激烈的竞争之中，急于在社会中占据优势位置。网民改变了"内卷"的原意，用它形容这种非理性竞争和被迫竞争的状态。在这种竞争中，人们付出努力的结果不是创造更多的资源和机会，而是相互竞争有限的资源。极少人对竞争成功有足够的信心，面对竞争过程中的不确定性，人们便会产生焦虑的情绪。

焦虑已经渗透进我们的日常生活，它是一种具有"永动机"模式的情感：不需要任何外来刺激，其日复一日所激发的人类行为已为其复制自身提供了足够多的动力和能量。鲍曼说恐惧自降临世间之日起"便能自给自足，还形成了自己的发展逻辑，它不需要人们额外的帮助，便能成长扩散——而且势不可挡"[1]，焦虑亦如此。焦虑不仅可以永动，而且还会传染。

应对焦虑，人们需要控制外在世界。人类学家马林诺夫斯基（Malinowski，B.）认为焦虑源于外在世界的不确定性，但特定的认知或实践手段，比如巫术和科学知识，可以引导不确定性。[2] 学者们继而发现使用巫术手段确实能够降低人们的焦虑——即便当事人未必确信巫术可以带来某种必然效果。[3] 古人依靠巫术、风水缓解焦虑，现代社会也为个体提供对抗焦虑的各种外在手段：当我们登录理财投资的金融平台，给孩子报名参加各种提高班，进入健身房、美容院的时候，就仿佛展开了现代"巫术"仪式，虽然无法确信效果如何，但重要的是我们借助外在的规律化过程制造出了某种可控感，获得了暂时的心安。但不要忘了，这些外在的行业与机构恰恰是被现代人的焦虑所催生的，因此它们在缓解焦虑的同时必须不断制造、渲染、传播新的焦虑，以此获得发展的动力。

想通过控制外在世界来对抗焦虑，却又因外在控制而产生新焦虑，于是不得不求助另一种方式——通过控制自我来解决焦虑问题。市面上抗焦虑产品层出不穷，从药物、冥想练习，到各种以"驾驭焦虑、学会幸福"为主题的出版物、自媒体推

---

1 齐格蒙特·鲍曼：《流动的时代：生活于充满不确定性的年代》，谷蕾、武媛媛译，南京：江苏人民出版社，2012年，第11—12页。

2 Malinowski, B., *Magic, Science, and Religion and Other Essays*, New York: Anchor Books, 1954.

3 Felson, R. B. & Gmelch, G., "Uncertainty and the Use of Magic," *Current Anthropology*, 1979, 20(3): 587–589.

文，它们都包含同一个假设：焦虑是个体心理层面的问题，"掌控"焦虑本身也便是个体的责任。[1] 当焦虑难以掌控时，人们也会抵御被不停拉升的期待，主动降低欲望、消极退行。"佛系""躺平"这些概念的广泛传播就反映出人们在社会性焦虑压迫下的一种退避。面对一个不断生产渴望、制造焦虑的社会，一系列具体生活行为的"佛系化"或许是一种"反动"，即通过对欲望膨胀的主动遏制来调整生活方式。尽管这种"不从俗"的转向有积极作用，但究其本质仍是消极的，是"无法适应这个潜规则而又无力打破它时，只好选择逃离它的辖治"[2] 的无奈之举。消极退避会损害人们探索的意愿和创造的动力，而社会性焦虑也绝不可能因为少数人的主动离场而烟消云散。

除了消极地"退"，还有一种通过控制自我缓解焦虑的方式——行动。因焦虑而"动"当然也有其积极意义。与经历人类漫长进化后保留下来的其他情感一样，焦虑自有其存在的道理，梅认为焦虑就像发烧一样，"表示人格内正在激战。只要我们持续争战，建设性的方案便有可能"[3]。焦虑可以促使人们行动，采取方案解决社会问题。但很多时候，个体能动性的增强未必会带来社会结构性的变革，因为焦虑文化推动下的个体行

---

1 然而，社会性和结构性的焦虑并不是靠个人的"努力"就能克服的。甚至克服焦虑的行动本身就会引发焦虑：一旦这些行动得以实施，它们会令焦虑感显得近在眼前且有质有形。掌控焦虑的渴望越迫切，对抗焦虑的行动越激烈，焦虑的自我繁殖能力就越强盛，人也越容易陷入对焦虑失控的恐慌中。
2 李保森：《"佛系青年"：观念、认同与社会焦虑》，《当代青年研究》2019 年第 2 期，第 36 页。
3 罗洛·梅：《焦虑的意义》，朱侃如译，桂林：漓江出版社，2016 年，第 2 页。

动具有如下特征。首先是只顾当下，无法进行长远的行动规划和意义建构。其次，许多行动是以"否定"为逻辑的。眼里虽然只有当下，心中却只想摆脱当下，项飙把这种状态称之为"悬浮"（suspension）。[1]"悬浮"意味着与"现在"和"未来"的双重脱节：一方面，觉得今天的生活不值得过，既无法真正介入现实，亦不能享受此刻的价值；另一方面，虽然追求更美好的明天，但并不清楚它具体是怎样的，于是为完成而完成，为追求而追求，导致"自我工具化"。当代中国人在焦虑驱动下的行动呈现出一个悖论：既"只顾当下"，又"否定当下"。时刻盯着当下，便不可能反思当下，导致目光短浅；而总是在否定的状况下去定义自己行为的意义，则必然会永远处于焦虑之中。在迫不及待却只顾眼前的行动中还包含着另一个悖论——个体主动性强，活跃度高，但社会结构性的改变却非常缓慢，甚至停滞。因为当每个人都忙于解决自己当下的问题时，很可能会忽视彼此间的联结，毕竟"人和人之间的牵系一旦被编织入一张需要投入大量时间以及精力，也需要个体牺牲其利益的安全网络，这种牵系就变得越发脆弱，同时人们还得承认它只不过是暂时的"[2]。一旦社群被"掏空"，人人眼中只有自己的渴望，只能靠各自"悬浮"而非自发、横向的集体行

1　项飙：《悬浮时代：不要去想今天的事情对明天有什么意义》，喜马拉雅音频讲座：https://www.ximalaya.com/gerenchengzhang/29648636/218163126，2019 年。

2　齐格蒙特·鲍曼：《流动的时代：生活于充满不确定性的年代》，谷蕾、武媛媛译，南京：江苏人民出版社，2012 年，第 3 页。

动来应对焦虑，那便很难激发结构性的变革。

三、 变迁社会中的苦闷

1922 年，一位普通青年季庆仁发表了一篇题为《烦闷》的文章，文中写道："二十世纪之社会，乃一流动革新之社会，乃一新陈代谢之社会，旧道德破产矣，而代与之新道德，则尚在异说纷呶，莫衷一是……仰而呼天，而天不答我；俯而诉地，而地不应我；四顾茫茫，谁可与语？呜呼！处境至此，其精神痛苦当何如？烦闷。"[1] 文中诉说的烦闷正是 20 世纪 20 年代大多数青年的写照。[2] 烦闷也便是苦闷，是民国时期青年群体较为普遍的情绪，1930 年发表在《现代中学生》上的一文指出，"青年们的烦闷是非常的普遍"，"我们可以说，青年的烦闷，是时代病，是社会均衡的破裂的标记；而绝不是仅仅什么心理现象"。[3] 青年苦闷的问题，也得到胡适的关注。在回答北大学生来信时，他说道："今日无数青年都感觉大同小异的苦痛与烦闷，我们必须充分了解这件绝不容讳饰的事实，我们必须帮助青年人解答他们渴望解答的问题。"[4]

苦闷在青年群体身上表现得尤为明显，大众报刊讨论的苦闷/烦闷也多是以青年群体为主要对象。青年苦闷被视为现代

---

1 转引自陈闯《青年郭沫若的烦闷》，《读书》2018 年第 11 期，第 152 页。

2 陈闯：《青年郭沫若的烦闷》，《读书》2018 年第 11 期，第 152 页。

3 孟宁：《青年的烦闷》，《现代中学生》1930 年第 1 卷第 5 期。

4 尹小隐：《苦闷的出路在哪儿？》，《中国青年》2015 年第 23 期，第 30 页。

社会的产物："考察历史中的青年的苦闷，就会发现，它是独属于现代社会的现象。这里的现代社会，指的是那些有了'现代性'的社会，即以理性作为主导性准则，改造了传统的生产和生活方式的社会。"[1] 然而，这一论断有不准确之处。苦闷源于不满于现状却又暂时找不到出路，可以表现为在实际上难寻出路，也可以是精神上的无出路。后一种苦闷与意义、文化等相关，在中国古代文人那儿早有表现。"人生失意"及其带来的苦闷、压抑情绪是古代文人在文学作品中频繁表达的主题。本书接下来将以案例讨论苦闷的形成。

改革开放以来，中国社会发生了剧烈的变迁，创造了巨大的经济奇迹和文化成就，加快了全球化的步伐。与此同时，各种不确定性的因素也在增多，例如就业和经济的不稳定。《石狮日报》曾发表一篇关于失业后苦闷的文章，来源于当事人的叙述：

> 几年前，我带着妻子来到石狮一家服装加工厂上班。妻子没有什么工作经验，只好留在厂里做车间工，在"江湖"闯荡多年的我，幸运地成为该工厂分厂的厂长。可好景不长，在金融危机当前，工厂的订单持续下降，只好裁员，而我很不幸成了其中一员。原本以为只要在工作上好好干、踏实地做下去就会有好的回报，可现实的残酷，让我的心着实凉了半截。

1　尹小隐：《苦闷的出路在哪儿?》，《中国青年》2015 年第 23 期，第 30 页。

回想起之前为公司所做的努力，曾经半夜起来为员工解决纠纷、通宵为公司赶制员工活动策划方案……可这一切在金融危机面前，全都化为乌有。失业后，我一边在各招聘网上投递简历，一边向各个朋友打听，可至今仍徒劳无功。来到人才市场，发现真正适合自己的工作没几个，心情变得越来越糟糕。心想，自己奋斗了这么多年，可到头来却落得个空欢喜一场，真叫人难受。[1]

（小桂/诉述 娟子/记录）

当事人的苦闷源于金融危机导致的失业，失业后却又找不到新的工作（无路可走）。这是一种现实经济状况导致的苦闷情绪。青年苦闷的来源与城市化带来的人与人之间纽带的断裂也有密切关系。在城市化的过程中，传统的熟人社会的纽带逐渐断裂，但新的纽带尚在建立之中，个体呈现出原子化的状态。不少青年群体缺乏与他人之间的连接，缺乏归属感，催生了孤独和烦闷的情绪。有媒体文章讨论过"空巢青年"苦闷的问题，文章认为"精神苦闷不只由个人心理因素导致，很大程度上由外部环境变化引起"，"空巢青年"的精神苦闷来源于大城市的孤独感，"相比故乡的熟人社会，大都市把'空巢青年'变成一个个孤独的个体，他们很难找到归属感，往往成为大城

1　小桂、娟子：《失业后的苦闷日子》，《石狮日报》2009 年 5 月 17 日，第 4 版。

市的过客和陌生人。这也是'空巢青年'苦闷的来源"。[1]

精神苦闷关乎人生意义和存在的价值，这种类型的苦闷尤其见于社会、道德和文化观念变迁的过程中。民国时期的青年烦闷与社会、政治剧变带来的意义困惑相关。在改革开放初始的 1980 年代，青年群体也同样产生了苦闷的情绪。1980 年 5 月，《中国青年》刊登了一封署名"潘晓"的长信，信的名称是《人生的路呵，怎么越走越窄……》，表达了自己对"人为什么要活着"的困惑和找不到答案的苦闷。"潘晓"其实是潘祎、黄晓菊两个人。信的开篇就写道："我今年 23 岁，应该说才刚刚走向生活，可人生的一切奥秘和吸引力对我已不复存在，我似乎已走到了它的尽头。回顾我走过来的路，是一段由紫红到灰白的历程；一段由希望到失望、绝望的历程；一段思想长河起于无私的源头，而终以自我为归宿的历程。"接下来了又讲述了自己关于人生意义、价值观的困惑和寻找不到答案的迷茫。文章发表之后，引发了全国激烈的讨论。"潘晓事件"中青年群体表达的苦闷就与中国社会剧烈变迁带来的意义迷茫有关。

"打工诗人"许立志的诗歌更直白地表达了压抑、意义匮乏和苦闷的情绪。他是生于 1990 年的深圳富士康工人，被认为是打工文学的接班人，生前写了多篇诗歌，发表在《打工诗人》《打工文学》《特区文学》等刊物上。许多诗歌都指向自己在富士

---

1 黄帅：《心灵鸡汤难解"空巢青年"的苦闷》，《德州晚报》2016 年 9 月 8 日，第 2 版。

康工厂的就业经历，表达了自己的痛苦、苦闷体验，比较著名的作品包括《流水线上的兵马俑》《一颗螺丝掉在地上》《我咽下一枚铁做的月亮》等。流水线、兵马俑、螺丝钉等都是许立志诗歌中比较知名的意象。许立志的诗歌主题比较多，在此仅举几例：《梦想》把自己视为"异乡人"，讲述了作为异乡人的漂泊和生活的疼痛；《我咽下一枚铁做的月亮》使用了螺丝、废水、机台、水锈等意象，让人们感受到工业生活的压抑和烦闷；《流水线上的兵马俑》则通过强烈的对比描述了工人机器般的生活。

上述案例展现了苦闷和社会变迁、社会文化之间的关系。剧烈变迁中的社会更容易产生苦闷的情绪，因为价值观念的变化容易带来意义的困惑；传统社会纽带的断裂容易造成个体的原子化，失去社会支持和情感支持；不确定性的增加会使得个体产生焦虑、恐惧和无力感。苦闷对公共生活的影响在于：它会带来悲观情绪在社会上的流行，让人们无力参与公共生活，从公共生活中消沉退出。

第十章

增值、转化与创造边界

数字媒介时代的情感流通

情绪不只是"内在"或"外在"，而是创造了身体和世界的边界。

——艾哈迈德

数字媒介时代，情感流通在加速，对网络舆论、国家治理、社群关系等带来不可忽视的影响。本章将从理论层面探讨数字媒介时代情感流通的理论前提、流通过程及其对边界和认同的创造等问题。情感流通的讨论把情感研究的视角从个体（心理学）和社会（情感的社会文化建构）的维度转向流通的过程和机制，认为正是流通赋予情感以价值，促进个体之间的连接，形成集体身份。情感在流通过程中，积累自身的价值和能量，塑造权力关系。情感流通的理论路径有助于更好地理解数字媒介时代舆论的形成与演化、社群的生成与维系、群体的划界与冲突等问题。

一、 情感流通与情感经济

前面的章节更多关注的是情感的生产与表达，这些探讨有助于我们理解情感与社会之关系、数字媒介时代的情感文化等议题，但难以解释数字媒介时代的如下现象：一是为什么数字媒介时代容易产生群情沸腾的现象？我们经常看到，一张图片、一个短视频、一则故事，都可能在网络上引发网民的情感共鸣，迅速形成强大的情感能量。那么为什么有些情感可以通过数字媒介迅速传播，有些情感却难以扩散？二是网络社群中的成员难以具身在场，那么它是如何形成的？如何建构成员的身份认同？例如，与传统社会的粉丝群体相比，网络空间中的粉丝社群更有组织性，动员能力更强大，身份认同也更明确。再比如某些无法在线下形成联结的特殊群体，可以在线表达和交往，获得情感支持，形成一定的身份意识。这些网络社群是如何产生并维系的？三是为什么数字媒介在把个体连接起来、造成空间边界日益模糊的同时，创造了更多"我们"与"他们"的身份意识，带来不断加剧的冲突（如粉丝社群之间的冲突）？为什么社交媒介上容易发生"情感极化"的问题？这些现象看似纷杂、缺少联系，其实都与"情感流通"（emotional circulation）相关——正是情感的流通积聚情感的能量，并把个体与集体连接起来。因此需要解释清楚数字媒介时代的情感流通机制，才能够回应上述问题。

从某种意义上说，情感流通赋予情感以社会性，但它并未得到学界较多的关注。具有代表性的研究是艾哈迈德提出的"情感经济"（affective economies）概念和"情感社会性"（sociality of emotion）模式。艾哈迈德使用"经济"一词，是借用了马克思在资本论中的逻辑，用来表示情感流通及其在社会和心理领域的分布。[1]可见，情感经济理论不同于心理学的模式，也与关注情感的社会产生路径有区别。以该理论为基础，学界进行了一些经验研究。有学者关注了移民群体与家庭的情感流通问题。威尔丁（Wilding，R.）等学者扩展了艾哈迈德的情感经济概念，强调情感的流通是亲属关系和家庭的基础，并且认为数字媒体是支持这种流通的工具，正是通过数字媒体进行的情感流通，跨国家庭得以维系。情感就像一种资

1　Ahmed，S.，"Affective Economies，"*Social Text*，2004，22(2)：117－139.

本，他们通过交换和共享的物体或者言论（statement）在群体成员之间流通。情感资本可以把一个群体（group）构造成集体（collective）。通过参与共同情感的流通，他们形成集体的边界[1]。霍卡（Hokka，J.）与内利玛卡（Nelimarkka，M.）从情感经济的视角探讨了脸书上国家—民粹主义图像的流通[2]。韦斯雷尔（Wetherell，M.）不赞成把情感定位在无尽的神秘流通中，提出应将情感作为社会行动来研究。在实际的身体和社会行动中，情感被用于谈判、决策、评估、沟通、推断和关联[3]。

现有关于情感经济的研究多关注群体之间的情感流通，对数字媒介时代的情感流通做出理论解释就尤为必要。数字媒介时代，情感流通发生了显著变化。数字媒介构成了社会的神经系统，把无数个体连接在一起，促进个体之间的感官融合，加快了情感流通的速度。一个人的所见所感，迅速地在社交媒介上扩散成无数网民的所见所感；情感在扩散过程中不断积聚能量，演变成"群情沸腾"的景象；数字媒介也打破了政府、组织和传统媒体机构对传播的垄断，赋予个体发言的权利，个体

1 Wilding，R.，Baldassar，L.，Gamage，S.，Worrell，S.，Mohamud，S.，"Digital Media and the Affective Economies of Transnational Families，" *International Journal of Cultural Studies*，2020，23（5）：639 – 655.

2 Hokka，J. & Nelimarkka，M.，"Affective Economy of National-populist Images：Investigating National and Transnational Online Networks Through Visual Big Data，" *New Media & Society*，2020，22（5）：770 – 792.

3 Wetherell M.，*Affect and Emotion：A New Social Science Understanding*. London：SAGE Publications Ltd，2012.

情感可以通过故事、图片、符号等方式进入公共空间，造成公共和私人的边界模糊；情感流通让网民可以跨越空间地建构社群，形成集体的身份意识，带来多元的身份认同，当然也加剧了群体之间的冲突。本书将在数字媒介的情境下，关注数字媒介时代情感流通的机制、作用和政治—社会后果。

二、 情感流通研究的理论前提

如前文所述，情感研究的三场革命在某种程度上改变了人们对情感的认知——情感不再被简单地视为"非理性的"或者个体的生理、身体反应，而是与认知、社会文化密切相关[1]。学界提出的情感规则、情感管理、情感表演、情感表达等一系列理论概念，更是明确把情感置于社会关系之中：情感是人们互动的方式，建构了权力关系和社会秩序。基于已有研究，在此给出两个理论前提，以帮助理解情感的意涵以及"情感流通"研究的价值和可能性。

（一）情感不是个体身体的产物，而是在关系中形成

我们在与别人的互动中产生爱、恨、恐惧、愤怒、悲伤、嫉妒等情感。离开了社会关系和社会互动，人类的大多数情感难以形成，正如霍姆斯指出的，我们的情感从根本上说是社会

1　威廉·雷迪：《感情研究指南：情感史的框架》，周娜译，上海：华东师范大学出版社，2020 年。

性和关系性的。[1]"关系"是理解情感的核心关键词，也是研究情感流通的第一个前提。对此，可以从两个维度来理解它。

第一个维度是情感的形成。情感的产生与身体有关，身体的状态可能会带来沮丧、低落等情绪，但各种关系才是推动情感形成的主要动力。这与情感的特征有关。情感是一种意识，而"意识总是关于某物的意识"，因此，情感也具有现象学意义上的"意向性"，它必须有意向对象，具有指向对象或构造对象的能力。它是个体与意向对象互动的产物。个体观看图片、符号、视频、他人的故事，产生感知、想象、联想等意识行为，进而形成情感。恐惧是因为个体的意识指向了危险之物；愤怒是个体对他人、分配方式等对象的不满而激发出来的强烈情感，带有明确的社会指向；爱不能离开爱的对象而单独存在，恨也必须有恨的客体。情感形成的这一特征给研究情感流通带来了启发：情感流通要关注意向对象的传播及其在数字媒介时代发生的变化。我们把情感的意向对象称为"情感载体"。

第二个维度是情感表达。情感体验是内在的，但表达具有明确的、外在的关系指向。情感史学家雷迪把情感表达视为一种言语行为，它意味着定位自我和他人的关系。[2]人们通常是对某人、某物表达情感，以此建立团结、友爱、排斥、仇恨等

1　Holmes，M.，*Distance Relationships*，Basingstoke：Palgrave Macmillan，2014.
2　威廉·雷迪：《感情研究指南：情感史的框架》，周娜译，上海：华东师范大学出版社，2020 年。

类型的关系。表达愤怒意味着要求对方为伤害承担责任，或者明确拒绝与对方的交往；表达爱和喜悦意味着试图建立亲密关系的行动；表达恐惧意味着要求某人或机构消除危险的来源。可见，情感表达是在"关系"中展开的带有预期目标的行动。情感本身虽然是生物的、心理的，但社会和文化框架赋予这些生理和心理感受以意义和重要性[1]。我们赋予一些情绪以具体名称，以便与他人进行交流，有学者认为能够赋予名称和进行交流的情绪才是具有意义的，"唯一对我们有意义的情绪是那些我们能够赋予名称的情绪，以及我们能够与其他人交流的情绪"。[2] 当生理的感受被赋予名称之后，它才可以在人与人之间流通，成为人们用以建立关系的媒介。网民在公共平台上的情感表达促进了情感在人际、群体之间的流通。

（二）物体、符号在流通中与个体建立关系，促进集体情感的形成

既然情感是在关系中形成，那么它就不是居于一个物体、符号、个体之中，而是在物体、符号、个体之间流通的结果。[3] 艾哈迈德的情感经济概念依赖于这样一种理解，即情感并不存在于人或事物之中。我们对一个孩子的爱，既不是那个孩子作

1　Wilding，R.，Baldassar，L.，Gamage，S.，Worrell，S.，Mohamud，S.，"Digital Media and the Affective Economies of Transnational Families," *International Journal of Cultural Studies*，2020，23(5)：639 - 655.

2　Ibid.

3　Ahmed，S.，"Affective Economies," *Social Text*，2004，22(2)：117 - 139.

为被爱者的独特特征的产物，也不是我们作为爱者的独特品质的产物。相反，这种爱源于对我们与孩子接触的解读，这种解读受到社会和文化历史的影响。[1] 叙利亚难民事件中，死在海滩上的幼童艾兰的图片借助大众传媒和社交媒体在全球范围内传播，引发许多国家民众的同情，甚至影响了一些国家难民政策的制定。在这一事件中，全球同情的形成，源于库尔迪图片在不同群体之间的流通，以及人们对图片的解读。同样，群体之间的仇恨也并不是群体本身具有的独特性，而是源于不同群体对他们之间"接触"的理解。

基于情感经济的理论，一张图片、一个符号、一个物体本身并无情感，只能说是蕴含着激发情感的潜力。这些图片、符号、物体通过媒介在不同平台、不同人之间流通，建立了其与个体之间的关联，才能够激发情感。群体成员受到图片、符号等的激发，公开表达自己的感受，这些表达感受的语言借助媒介在人群之间扩散，形成集体情感。可见，情感流通的本质并不是个体情感的流通，而是各类情感载体（物体、符号、情感表达的语言）的流通，在流通中，物体、符号等与更多的主体接触，激发主体的情感，不断积累情感的价值。

---

1 Wilding, R., Baldassar, L., Gamage, S., Worrell, S., Mohamud, S., "Digital Media and the Affective Economies of Transnational Families," *International Journal of Cultural Studies*, 2020, 23(5): 639 - 655.

三、 情感流通过程：聚焦、生成与扩散

海德（Heider, K. G.）认为，情感并不是一种状态，而是一个过程。他提出"情感流动模型"，包含如下几个部分：先对事件进行中性描述，如"一个孩子的死亡"，紧接着依据特定文化规则定义事件，产生简单或复杂的内在情感状态，此后，根据文化规则表达情感，在此过程中，内在情感状态会发生变化，可以被强化、削弱或抵消，或者被另一种情感掩饰[1]。在该模型以及经验材料基础上，可以从聚焦、生成和扩散三个环节讨论情感流通的过程。

（一）情感聚焦

情感流通以人们聚焦在某个符号、视频、图片或者故事为开端。一个讲述个体故事的视频（如 2022 年流行的《回村三天，二舅治好了我的精神内耗》的视频）、一张孩子的图片都能吸引人们的关注，人们聚焦在这些符号上，进而产生情感。我们把媒介具有的激发情感的能力称为"情感潜能"（emotional potentiality）[2]。不同的图片、短视频、符号、故事，拥有不同的情感潜能，这在很大程度上决定了它能够流动的程

---

1 扬·普兰佩尔：《人类的情感：认知与历史》，马百亮、夏凡译，上海：上海人民出版社，2021 年，第 228—229 页。

2 Adler-Nissen, R., Andersen, K. E., & Hansen, L., "Images, Emotions, and International Politics: the Death of Alan Kurdi," *Review of International Studies*, 2020，46(1)：75 - 95.

度。以图片为例，有的图片拥有较为丰富的情感潜能，容易激发公众的情感，在社交媒介上得到广泛传播，有的图片则由于缺少情感潜能而难以获得人们的关注。一张图片的情感潜能受到图片本身（包括图片的质量、色彩，拍摄的角度、主题）和社会文化的影响。社会文化关于什么是重要的、什么是有意义的观念，赋予了图片、符号情感能量。艾兰的照片在各类媒介平台上的传播，与它的拍摄技术、视角有关，但更重要的则是在社会文化观念中，"儿童"的死亡更容易唤起人们的同情。艾兰的图片在传播过程中，被网民依据社会和文化的规范，再加工、再创造，形成多种形态的图片。有的图片上的艾兰像天使一样长出翅膀，有的图片则是一双大手托起了他。这些再加工的图片，被赋予更多的意义，与西方社会的宗教文化有关，容易唤起人们的同情和关切，进而积累更为强大的情感潜能。

在数字媒介环境下，情感流通中的聚焦机制发生了变化。在报刊、广播电视时代，情感聚焦的载体是由机构媒体提供的。机构媒体及其背后的政府、商业力量，掌握着塑造公众情感、影响情感流通的权力。但在数字媒介时代，个体、自媒体生产的图片、文字和视频等信息争夺人们的注意力，在建构公众情感方面扮演着至关重要的角色，是网络动员不可小觑的力量。数字媒介还造成公共和私人边界的模糊，使得个体话语和情感进入公共空间，并借助数字媒介的连接能力，汇聚成强大的公共力量。个体的故事成为一种有影响力的情感聚焦方式。数字媒介的传播形态促使公众通过情感的连接团结内部成员，实现社会动员，生成抗争的能量。

接下来，本节将以"图像"这种情感聚焦的重要载体为例，分析数字媒介时代情感聚焦方式的变化。图片是一种强大的情感聚焦机制，它能够把公共议题的外延从数字、统计数字转移到一个有脸、有身体、有故事的可识别的人身上[1]。霍卡与内利玛卡认为图片比文字更能激发集体情感，因为它们能将抽象、遥远、复杂的事物转化为具体的、具有情感意义的事物，图像的流通是一种情感实践，也是一种受情感刺激的活动。[2] 在数字媒介时代的大量案例中，图像都成为引发公众关注的焦点，激发公众情感和动员社会力量。2012 年，陕西一位官员在延安车祸现场因面露微笑被人拍照传到网上，引发网民不满和愤怒。"面带微笑"的图片在网络上流传。随后，网民搜索发现这名官员是时任陕西省安监局局长的杨达才，并进一步关注到他在不同场所佩戴名表的细节，戏称他为"表哥"。网络舆论引发陕西省纪委的调查，2013 年 9 月 5 日，杨达才犯受贿罪，判处有期徒刑 10 年，并处没收财产 5 万元，犯巨额财产来源不明罪，判处有期徒刑 6 年，决定执行有期徒刑 14

1 Adler-Nissen, R., Andersen, K. E., & Hansen, L., "Images, Emotions, and International Politics: the Death of Alan Kurdi," *Review of International Studies*, 2020, 46(1): 75 - 95.

2 Hokka, J. & Nelimarkka, M., "Affective Economy of National-populist Images: Investigating National and Transnational Online Networks Through Visual Big Data," *New Media & Society*, 2020, 22(5): 770 - 792.

年。[1]"表哥"事件是互联网时代网民个体生产情感聚焦图片、引发公共情感的典型案例。

（二）情感生成

蕴含情感潜能的图片、视频、文字在公共空间中传播，引发公众的情感，但具体什么情感，却并不完全受这些载体的控制，而是取决于个体如何解读、如何构造对象，而这种解读和构造又受到多种因素的影响。

一方面，具有情感潜能的载体本身就蕴含着多种情感。阿德勒-尼森等学者在研究艾兰之死的文章中，提出了情感集束（emotional bundling）的概念，来捕捉图像如何被构建为一系列情感[2]。在他们看来，一张图片可能包含了愤怒、悲伤、同情等多种类型的情感。其实，不仅是图片，短视频、叙述性文字、符号都具有类似的情感集束功能。

另一方面，人们对图片、文字、视频的情感反应主要是后天学习的结果，"情感受文化规范、价值、信念和词汇的影响和限制"[3]。霍卡与内利玛卡将情感理解为对某事的即时情绪反

---

1 汶金让：《"表哥"杨达才：一笑毁前程》，《民主与法制时报》2013 年 9 月 9 日，第 2 版。

2 Adler-Nissen, R., Andersen, K. E., & Hansen, L., "Images, Emotions, and International Politics: the Death of Alan Kurdi," *Review of International Studies*, 2020, 46(1): 75-95.

3 乔纳森·特纳、简·斯戴兹：《情感社会学》，孙俊才、文军译，上海：上海人民出版社，2007 年，第 3 页。

应，这种反应不仅是生物的、先天的或原始的，而且还受到意识经验和意义形成过程的影响[1]。同样的情感载体在不同的文化背景中可能唤醒不一样的情感。

数字媒介时代，情感的生成机制发生了重要变化。社交媒介上形成了大量的情感社群。基于相似的价值观、信念、立场、利益，人们生成共通的情感，彼此之间互相交流，进而形成各种类型的社群组织，比如亚文化社群、粉丝社群等。此外，由于在当代社会和数字媒介的环境下，文化、价值规范变得多元，情感的生成方式也变得复杂多样。

（三）情感扩散

情感在生成之后，进入扩散的阶段。情感扩散看似混乱、无序，但与生成机制类似，也是一个受到社会规范、价值观念影响的文化过程。不同的情感获得的流通能力和被关注程度是不同的，沃尔-乔根森认为，我们应该关注在公共领域中哪些情感容易获得注意力、为什么以及产生了什么后果[2]。具体来说，情感扩散的过程受到如下因素的影响。

一是媒介特性。情感本身是不会流通的，艾哈迈德认为，

---

1 Hokka, J. & Nelimarkka, M., "Affective Economy of National-populist Images：Investigating National and Transnational Online Networks Through Visual Big Data," *New Media & Society*, 2020, 22(5)：770-792.

2 Wahl-Jorgensen, K., *Emotions, Media and Politics*, Cambridge：Polity Press, 2019, p.8.

是情感的客体（the objects of emotion）在流通[1]。情感客体（或者说情感载体）包含用以表达情感的语言、图像、礼物等，它们的流通扩散了我们的情感。不同的媒介拥有不一样的"传情"能力，也会造成迥异的情感流通方式。报刊的情感传递以文字为主，通过文字叙事的方式传播人类的情感体验，在"传情"能力上不如以图像为主的电视。以智能手机为代表的数字媒介则拥有更为强大的"传情"能力。它们是包含文字、图片、声音、图像在内的融媒体，更便于传达人们的情感。数字媒介还可以把分散在世界各个角落的个体连接在一起，促进情感的共鸣。

二是事件与个体的相关性。人们往往更倾向于关注与自己利益相关的事件，这些事件也更容易催生情感和推动情感流通。如前文所述的"问题疫苗事件"，引发了大规模的社会不安情绪。"问题疫苗"之所以能够让恐慌情绪如此迅速地流通，主要原因在于疫苗安全问题与多数人具有密切的关系。

三是事件的重要性。一些事件给人们的情感带来了强烈的冲击，引发"道德震撼"（moral shock）[2]，也容易推动情感流通。

---

1 Ahmed, S., *The Cultural Politics of Emotion*, New York, NY: Routledge, 2004, p.11.

2 Jasper, J. M., "Emotions and Social Movements: Twenty Years of Theory and Research," *Annual Review of Sociology*, 2011, (37): 285 - 303.

（四）各类资本的影响

情感流通是一个政治、经济和文化多重因素交织下的产物，因此，对它的讨论应该置于政治、经济等的历史脉络中探讨。情感流通的速度和范围受到政治资本、文化资本、经济资本的影响，是一个权力互动的过程。数字媒介时代，情感流通背后的资本和权力关系更为明显。大量的主体通过表达愤怒、悲伤、恐惧等，争夺情感流通的权力。而掌握更多政治、文化、经济资本的群体往往拥有更大的情感流通权力。

四、 情感的增值与转化

情感流通带来双重后果，即情感的增值和各种类型的情感转化。我们首先探讨增值问题。情感载体在不同平台、不同群体之间传播、碰撞、相互激发，形成强大的情感能量，积聚情感价值。艾哈迈德的情感经济理论也认为，情感在流通的过程中变得更具力量。情感在流通中的增值与数字媒介和情感表达的特性密切相关，具体表现为以下三种增值形式。

一是情感的传播速度更为迅速。数字媒介的技术特征，让情感的传播能够跨越时间和空间的限制，激发分散在各地的网民的情感共鸣，以极快的速度积聚遍布网络的情感能量。我们常用"刷屏"这一词语形容信息快速、大规模地传播及其引发的轰动效应、情感能量。这一现象可以用情感感染（emotional contagion）的理论来解释。情感感染是"由他人情绪引起，并产生与他人情绪相匹配的情绪体验"，这一理论最初是用于解释个体在面对面交流中非言语部分的情感传递，后来不再局限于面对面的交流，扩展到网络空间中的图片、表情和文字等[1]。数字媒介的连接能力、传情能力使得情感感染现象更容易发生。

二是情感表达具有激发、唤醒情感的力量。关于情感表达的这一特性，可以借用雷迪的情感表达理论来解释。在雷迪看来，情感表达不仅在描述情感，也在改变情感状态[2]，激发人们的情感体验。基于雷迪的理论，情感表达在不同空间中的流通唤醒了更多的情感。数字媒介时代，无数个体的情感表达之间形成紧密的连接，互相激发，带来情感的增值和强化。

三是通过情感流通，形塑身份认同。情感在数字媒介中的流通，在唤醒人们情感体验的同时，也影响着人们的身份意识。在流通中，情感塑造着公众对自我和他人身份的感知，诸如"中国人""外国人""穷人""中产阶级""富人"等，这种身份意识会推动社群的形成，个体情感转变成为集体情感，生成强大的力量。情感在流通中可能发生各种类型的转化，带来意想不到的后果。在数字媒介时代，情感在初期犹如"星星之火"，可以不断转化，呈现"燎原"之势。期待在落空的情况

---

1 尹碧茹、刘志军：《网络情绪：理论、研究方法、表达特性及其治理》，《心理研究》2021年第5期。
2 威廉·雷迪：《感情研究指南：情感史的框架》，周娜译，上海：华东师范大学出版社，2020年。

下可以转化为失望、悲痛，同情可以转化为愤怒，如果处理得当，愤怒也可以转化为信任。情感指向的客体也会发生转化，对个体的偏见和仇恨可以转化为对群体的不满，对个体痛苦的同情可以转化为对群体的怜悯。那么，情感是如何转化的？可以从目标、社会关系、认知、意义四个维度给出解释。

（一）情感有明确的意向，与目标相关。不少类型的情感都指向特定的目标：愤怒与人们争取尊严、正义的目标相关，恐惧指向消除危险，同情指向消除他人的痛苦。当目标发生变化时，情感也会转化。在一起事件中，公众情感在不同阶段可能会有不同的目标，进而带来情感转化，包括不同情感之间的转化和同一情感指向对象的转化。在新冠肺炎疫情期间，人们的恐惧最初指向病毒，随着疫情的发展，对病毒的恐惧转化为对"他者""陌生人"的恐惧，带来社会排斥。

（二）情感在特定的社会关系的互动中产生。不同的社会关系（与不同对象的互动）会产生不一样的情感。人们的情感在流通过程中，进入不同的社会互动，发生变化。在幼童艾兰案例中，人们最初是对艾兰产生同情，同情、悲伤的情绪在媒体上传播，推动公众对叙利亚难民事件的参与，随后公众关心难民问题产生的原因及难民政策，互动关系发生变化，情感指向对难民问题的反思和对政策的追问，同情转化为愤怒、期望。在政策的讨论中，人们基于自己的观念和价值立场，又分化成更加多元的情感，比如恐慌、担忧、愤怒等。

（三）情感的转化与认知相关。前文曾指出，情感是基于认知的反应。[1] 雷迪把情感视为对包含认知在内的思想材料的激活。当认知发生变化的时候，情感也随之转化成新的情感。在一起事件刚刚发生时，人们会基于有限的信息和已有的框架形成关于事件的判断和评价，激发相应的情感。随着事件的发展以及日渐增多的对相关信息的披露，人们可能会改变认知，甚至形成相反的判断，这时原有的情感就可能以更为剧烈的方式往相反方向转化，同情会转化为愤怒，希望会转化为失望。这尤其表现在信息碎片化的数字媒介时代。我们常说的"反转新闻"便是典型案例。在"反转新闻"中，对同一事件的报道出现显著变化，甚至发生逆转，影响公众对事件的认知和判断，导致公众的情绪随之波动，原本对当事人的同情可能会转化成愤怒情绪。

（四）情感与意义有密切关联。情感既帮助人们创造了关于事物的意义，也推动了对意义的追寻。在寻求意义的过程中，情感可能会发生转化。王汎森《"烦闷"的本质是什么》一文，从新文化运动之后青年群体常见的"烦闷""苦闷"状态入手，讨论了烦闷、苦闷情绪如何促使青年群体接受各种类型的"主义"。[2] 日常生活中焦虑、烦闷、烦躁等琐碎的情绪会推动人们寻求与更大意义的结合，以此作为应对日常琐事的方法，由

---

1 Lazarus，R. S.，"Thoughts on the Relation Between Emotion and Cognition," *American Psychologist*，1982，37（9）：1019 - 1024.

2 王汎森：《"烦闷"的本质是什么——近代中国的私人领域与"主义"的崛起》，《思想是生活的一种方式：中国近代思想史的再思考》，北京：北京大学出版社，2018 年，第 89—137 页。

此，生活中遭遇的焦虑、苦闷可能会转化为对社群的爱，生活中的不满可能会转化为对某个群体的恨。情感的流通促进它的历时性积累。情感不会因某事件的结束而消失，相反，它会进入人们的记忆，成为人们后续评判世界的框架。在下一次类似事件发生时，人们会以更为强烈的情感来应对新的事件。本书第三章提到的 2015 年毕节市发生的留守儿童自杀事件，之所以引发了强烈的舆论反应，和情感的历时性积累有关，即 2012 年毕节市曾发生过 5 名留守儿童一氧化碳中毒死亡事件。

五、 情感流通创造边界与认同

情感流通不把情感简单地看作个体的心理、生理反应或者社会文化的建构，而是考虑情感以何种方式调节心理和社会之关系、个体和集体之关系。[1] 我们可以从情感流通的视角分析集体的形成问题。情感流通把个体与集体连接在一起，促进了集体、组织的建立。这一部分将从情感流通的角度来分析集体边界、认同与冲突的问题。

互联网空间中形成了各类社群组织，例如亚文化群体、粉丝社群，以及大量的因事件而临时聚集的群体。这些群体形成某种程度的"集体"意识，离不开情感流通，它创造了阶级、性别、国家、种族等群体的边界：粉丝之间的情感交流促进了社群身份意识的形成；一些亚文化群体在网络论坛上的情感沟

1　Ahmed，S.，"Affective Economies," *Social Text*，22(2)：117-139.

通促进了"集体归属"的感觉；在诸如 #MeToo 之类的事件中，无数的个体通过愤怒的表达，形成"我们"的意识。正如威尔丁等学者指出的，情感的流通能够把个体连接在一起。[1] 在艾哈迈德看来，情感的流通创造了界面（surfaces）和边界（boundaries），让人们能够区分内部和外部，所以情感不是简单的"我"或"我们"的东西。界面或边界正是通过情感或者"我们"对物体、他者的反应而形成的。[2] 情感流通对边界和认同的创造可以从两个维度来理解：情感流通如何创造了"我们"以及如何造成了网络空间中社群之间的冲突。

社群的形成需要成员、组织体系、制度，也需要成员的身份认同。身份认同的来源既包括成员对社群的认知，也包括情感层面的归属感，后者依赖于成员之间的情感流通。社群内部日常的情感流通，让成员反复确认自己的身份归属，并在个体和集体之间建立紧密的情感连接，强化成员之间的认同关系。流通的英文单词是 circulation，它也包含"循环"的意思。这意味着流通的本质并不是单向的传输，而是一个循环往复的过程，在这一过程中，情感能量不断积聚，情感关系动态生成，社群、组织得以产生和维系。社群内部的情感流通是成员之间不断进行的情感互动和循环，在循环中，个体形成集体的身份

---

1 Wilding，R.，Baldassar，L.，Gamage，S.，Worrell，S.，Mohamud，S.，"Digital Media and the Affective Economies of Transnational Families," *International Journal of Cultural Studies*，2020，23(5)：652.

2 Ahmed，S.，*The Cultural Politics of Emotion*，New York，NY：Routledge，2004，p.10.

感知和认同。艾哈迈德使用"粘附"（sticking）一词，认为情感在流通中通过把不同主体聚集在一起，创造了集体的效果[1]。

以粉丝群体为例，数字媒介时代的粉丝群体，数量多而分散，互动密切而不具身在场，以社交媒介为纽带。粉丝之间彼此分享对偶像的情感，并促进情感在社群内部的流通，建构集体（社群）对个体的意义，这有助于社群组织的形成。一些因突发事件而临时聚集的群体也是如此。突发事件的参与者因事件而形成松散的舆论群体，缺乏日常的互动和情感交流，但他们可以在弥漫的情感流通中，寻找共通感受，交流情感，即"同气相求"。共通的感受和彼此的呼应有助于集体力量的形成。情感流通把政治的意义从个人的情感（悲伤、愤怒等）转向一种情感政治。[2] 主体和情感通过符号、图形和物体的流通和重复而连接起来，进而构建政治边界。[3] 例如，在毕节留守儿童自杀事件中，网民迅速围绕事件展开情感表达，共通的感受在社交媒介上流通，汇聚成强大的情感能量和舆论。

情感流通在数字媒介空间中创造了大量的社群和身份意识，与此同时，也导致了网络集群之间的冲突，例如，国家之间的冲突、粉丝群体之间的冲突、网络舆论中的群体对立。情

---

1 Ahmed, S., "Affective Economies," *Social Text*, 2004, 22(2): 117-139.

2 Kaur, B., "'Politics of Emotion': Everyday Affective Circulation of Women's Resistance and Grief in Kashmir," *Ethnography*, 2021, 22(4): 515-533.

3 Beattie, A. R., Eroukhmanoff, C., Head, N., "Introduction: Interrogating the 'Everyday' Politics of Emotions in International Relations," *Journal of International Political Theory*, 2019, 15(2): 136-147.

感流通在群体冲突[1]的形成中发挥了什么作用？这可以从群体冲突中情感流通的两种主要方式来解答。第一种是群体内部，面对"他者"，群体可能会更加重视内部的认同和情感流通，强化成员认同。例如，对"他者"的仇恨和恐惧，都会促使群体内部的情感流通更为频繁，成员之间也更加团结。二是群体之间，以愤怒、仇恨、怨恨等负面情感为主。群体以负面情感的表达互相攻击，把特定的标签（丑陋、邪恶、危险等）赋予"他者"，进而把恐惧/恐慌、仇恨等情感附着在这些群体之上。

我们与"他者"遭遇，产生喜悦、愤怒、厌恶等情感。这些情感帮助人们创造彼此之间的边界：把"他者"纳入"我们"（如"爱"），或者排斥出去（如"恐惧"）。数字媒介为群体内部的情感交流提供了更充足的渠道，在把无数的个体连接起来的同时，也导致不同群体的成员之间有更多"相遇"的机会。曾经没有联系的人，却能在数字媒介时代频繁地"相遇"，彼此之间的差异被暴露无遗。数字媒介又创造了一个匿名的、缺乏约束的环境，发生冲突的成本极其低廉。这些因素都促成了数字媒介空间中冲突的频繁发生，恐惧、愤怒、仇恨等负面情绪在群体之间蔓延。数字媒介时代的算法推荐机制，也造成了情感在群体内部的循环和强化。算法推荐根据用户的兴趣和情感偏好推送信息，不仅导致学界关注已久的信息茧房

---

1 数字媒介空间中的群体冲突可以粗略地划分为两种类型，一是带有组织性的冲突，比如粉丝群体之间的冲突、"帝吧出征"；二是非组织性的，在具体的事件中，网民临时分化为不同的"阵营"。

问题，还使得特定的情感载体（如文字、图片、视频）在同质化的群体中流通，激发相似甚至相同的情感，加剧了群体之间的分化和冲突。

在关于情感极化的解释中，有学者认为，互联网和社交媒体创造了一个环境，个人可以有选择地接近支持其政治世界观的信息，同时也会偶然接触到挑战其信仰的社会共享信息，这些相互竞争的信息消费模式可能有助于解释数字媒体是否以及如何促进情感极化（即政治团体之间基于情感的分裂）[1]。这种模式的背后恰恰是数字媒介时代情感流通的结果：情感在群体内部循环往复，强化成员认同，与此同时，冲突的观点和情感又被数字媒介暴露无遗。

本书对情感流通的探讨是初步的，还有许多值得研究的议题：一是情感流通与跨国网络社群的形成。全球化时代，出现了不少跨国的网络社群，成员分布在不同国家中。这些跨国社群有着怎样的情感流通机制？情感流通在它们的形成和维系中扮演着什么角色？二是情感流通与政治、经济权力。情感流通与更广泛的政治、经济权力密切相关，哪些情感更容易流通，哪些情感被禁止，都包含了权力的影响。未来的研究，在关注媒介技术的同时，也应把情感流通纳入政治、经济的权力系统中分析，借鉴政治经济学的视角，借以探讨情感流通的不平

---

1 Zhu, Q., Weeks, B. E., Kwak, N., "Implications of Online Incidental and Selective Exposure for Political Emotions: Affective Polarization During Elections," *New Media & Society*, 2021, December 01.

等、情感流通与国家管理、情感流通的商品化等问题。三是不同的媒介技术对情感流通的影响。数字媒介是一个泛称，包含不同的技术形态，也应用于不同的平台，比如短视频平台、社交平台、以文字为主要表达方式的非虚构平台等。这些技术及应用以不同的方式影响着情感流通的机制，需要更多、更细致的经验研究，才能够全面理解媒介技术对情感流通的影响。

再出发

情感研究的想象力

　　重新建构一个特定时代的情感生活，这一目标令人神往，同时也极其艰辛。

——吕西安·费弗尔

本书基于"实践"的理论视角，分析了情感的形成机制及其在公共生活中的角色。本书没有将情感理解为身体的反应，也没有简单地视其为社会文化建构的产物，而是把它置于特定的社会文化和社会实践中考察。本书认为，情感是社会结构、文化系统与个体互动的产物：人们在特定的社会结构和文化系统中习得情感规则，它引导着人们的情感体验和情感表达；个体借助情感与他人建立连接；个体之间的情感互动塑造着社会秩序。基于类型情感的研究，本书对情感做出如下理解：（一）情感是人们参与世界的动力。爱、仇恨、偏好、恐惧、愤怒等情感推动人们介入世界。（二）情感引导着人们的道德评判。例如，愤怒的情绪指引人们对于公平、正义、尊严被侵犯的问题进行道德评价；同情引导人们对于他人的痛苦进行评价。（三）情感帮助人们创造生活的意义。爱帮助人们创造关于幸福、美好生活的意义；怀旧帮助人们创造过去的意义；恐惧帮助人们创造关于安全的意义；愤怒帮助我们创造关于尊严的意义。（四）情感不仅被社会关系生产，也产生了社会关系。具体来说，愤怒的表达建构着一种冲突的关系；爱的表达形成团结；同情将人们连接起来；恐惧的表达既可以形成共同体内部的凝聚，也可以形成对外来者的排斥；怀旧创造了一个群体的认同。

我们身处一个充满矛盾的时代："情感泛滥"与"情感缺乏"并存，大量的情感词语在社交媒介上被生产和极速传播，扩充着人们的情感世界，但现代社会的人们又似乎前所未有地缺乏情感，被广播电视中的各种情感类节目吸引，以寻求情感

的安慰；这是一个情感被包装、被营销的时代，情感被制作成
各类商品出售，满足着亿万人的情感需求，但与此同时，对真
诚情感的渴望又成为社会的流行心态；这是一个人们的情感表
达日益自由，同时情感也被更严苛地管理的时代，各类媒介为
人们的情感表达提供了渠道，指导人们如何更好地管理自己情
绪（情感）的书籍在市场上成为畅销品，世界各地的政府也通
过种种方式进行情感治理。情感是理解社会变迁、体察世态人
心的窗口。本书对情感与公共生活的探讨只是初步的，还有许
多值得进一步深入的话题。

（一）情感与传播技术

短视频、算法、人工智能正在深刻地塑造着人类的情感。
从历史的变迁来看，传播技术会影响人们的情感体验和表达方
式。关于传播技术与情感这一议题，已经有了一些研究成果。
例如，李海燕借助哈贝马斯的"文学公共领域"的概念分析了
20 世纪初期中国的文学、印刷媒体与情感社群（the communi-
ty of sentiment）。[1] 帕帕克瑞斯（Papacharissi, Z.）讨论了社
交媒介时代的"情感公众"（affective publics），她认为，应该
把社交媒介理解为一种情感结构，一种讲故事的柔性结构
（soft structure of storytelling），它影响了意义生产的实践。

---

1 Lee, H., "All the Feelings That Are Fit to Print: The Community of Sentiment
and the Literary Public Sphere in China, 1900–1918," *Modern China*, 2001, 27
(3): 291–327.

在看得见的未来，技术将会更深刻地介入人们的情感世界：智能机器人将成为人类的陪伴者；以快手、抖音为代表的短视频平台成为普通民众表达情感、学习情感的平台；算法不仅塑造着人们的认知世界，也建构着人们的情感体验以及由此形成的情感社群，媒介日益成为人们身体的一部分。媒介的技术特征不同，带来的感受世界的方式也不同。以"追星"现象为例，报刊时代，人们通过文字、图片想象自己的偶像；电视时代，人们透过电视盒子看到偶像的一举一动，但偶像依然是遥远的存在。而到了移动媒介时代，偶像进入粉丝的日常生活，成为个体日常的陪伴。媒介不同，粉丝与偶像的情感关系也不同。如何在理论层面回应技术与情感的关系，是未来情感研究的重要议题。

（二）情感的转化机制

不同的情感之间可以转化。例如，在新冠肺炎疫情期间，大众的恐惧可能转化为对公共政策、某些国家、相关机构的愤怒。在一些灾难事件中，公众对受害者的同情也可以引发对政府处理不当的愤怒。爱屋及乌，恨屋也及乌，爱和恨的对象可以发生变化。公众介入世界的情感不是单一的，而是多种情感的缠绕。随着事件的发展，情感也会发生转化，一种情感会引发其他的情感，形成情感的链条。这导致事件发展阶段不同，主导情感也不同。情感转化是我们可以在许多现象中观察到的事实，但情感之间如何转化，转化机制是否与社会文化相关，这些问题目前尚未有结论，值得更多探讨。

在人们的日常观念中，情感经常被划分为正面情感与负面情感。这种划分当然有一定的依据，但它忽视了情感后果的复杂性。正面情感可能带来严重的负面后果，尼采说："它用诱人的爱来掩盖仇恨：我责备你是为了你好；我爱你是为了让你加入我，我会一直这么做直到你加入我的那一天，直到你自己变成一个痛苦的、虚弱的、被动的人，即一个好人。"[1] 对社群的爱可能带来对他者的仇恨。反过来，负面情感却可以具有积极的功能：恐惧帮助避开风险；愤怒推动人们采取行动；对创伤的疗愈让人们发现爱的意义。从情感转化的视角来看，未来的研究应该反思给情感贴上正面、负面标签的合理性，以及不同情感在何种情境下会造成什么样的后果。

（三）历史中的情感与公共生活

"只要情感史还没有被完成，就不可能有真正的历史。"[2] 历史学家吕西安·费弗尔（Febvre，L.）的这句话点出了情感史的意义。目前学界对于情感与公共生活的探讨，偏重于当代，尤其是互联网兴起之后的阶段，相对来说，比较缺乏历史的视角。历史可以提供对于情感更为丰富的理解，这一点情感史的研究值得借鉴。情感史的兴起得益于学界对情感理解的深入，已经成为"最近二十多年来史学界的一个新发展"。目前情感史领域

1　转引自许宝强《情感政治》，香港：天窗出版社有限公司，2018 年，第 81 页。

2　扬·普兰佩尔：《人类的情感：认知与历史》，马百亮、夏凡译，上海：上海人民出版社，2021 年，第 67 页。

的成果主要有以下类型："第一类是以历史上的情感、情绪激烈波动、震荡的事件为对象。第二类是在常见的历史事件、现象中，考察情感的作用及其影响。而第三类则从情感考察的特殊视角出发，研究前人较少注意或者注意方式不同的课题。"[1] 对于情感与公共生活的探讨，也应该引入历史的视角，它能够为我们理解情感以何种方式介入公共生活提供动态的视角。

在中国的语境中，现代意义上的公共生活在晚清民国初期开始繁荣。消费文化、流行文学、大众报刊、日益繁华的城市等都提供了人们参与公共生活的渠道。情感文化也发生了重要的转型，浪漫主义、爱情、民族主义情感、苦闷、自豪等都深刻地塑造着民国以来的政治文化。目前已经有一些论著和文章关注了晚清民国时期的情感文化与政治，比如，哥伦比亚大学东亚研究所林郁沁教授的《施剑翘复仇案》讨论了民国时期集体同情的兴起与影响；王汎森《"烦闷"的本质是什么》一文从新文化运动之后青年群体常见的"烦闷""苦闷"状态入手，讨论了"主义"在私人领域的扩散和被接受、信从。[2] 但总体来看，对于晚清民国时期情感文化与公共生活的讨论较少，值得更多的研究。

---

1 王晴佳：《拓展历史学的新领域：情感史的兴盛及其三大特点》，《北京大学学报》2019年第4期，第93页。
2 王汎森：《"烦闷"的本质是什么——近代中国的私人领域与"主义"的崛起》，《思想是生活的一种方式：中国近代思想史的再思考》，北京：北京大学出版社，2018年，第89—137页。

（四）媒介与现代社会的情感生活

情感在现代社会人们日常生活中的重要性，"见诸各式机构对情绪管理和情感反思的重视。指导或训练他人控制情绪的书籍、课程、计划、组织如雨后春笋，而量度集体或个人情感的指标，例如快乐指数或情绪智商（EQ），亦逐渐流行甚至早已成为常识，以至于情绪治疗愈来愈大行其道"[1]。人们从各类畅销书、流行音乐、报刊的情感栏目和电视台的情感节目中获得情感指导和寻求情感安慰，从媒介制造的各种类型的情感体验中获得情感的满足。人们的情感生活从未像今天这样依赖媒介。人与人之间的情感关系已经部分被人与媒介的情感关系所替代。媒介疗愈着人们的情感创伤，为人们的情感生活提供指南。这些现象与现代社会的一系列变化有关：现代社会的个体化过程促使传统的关系网络、情感支持系统逐渐衰落，它们越来越难以为人们提供情感的满足和支持。个体不得不独自面对这个世界，独自寻求对情感的治愈。现代社会的世俗化也弱化了宗教的情感慰藉功能。宗教是人们情感世界的重要构成，治疗着现世的痛苦和不安，为信众提供了希望，宗教的衰落使人们不得不从另外的渠道寻求情感的慰藉。现代社会的这些变化使媒介成为人们获得情感满足的来源。在未来的研究中，媒介如何介入现代人的日常生活、如何塑造情感治疗文化，都是值得关注的话题。

1　许宝强：《情感政治》，香港：天窗出版社有限公司，2018年，第23页。

（五）民族国家与"情感政体"

情感史学家雷迪提出"情感政体"（emotional regime）的概念，这是"一套规范性的情感和官方仪式与行动，以及宣讲和灌输这些规范性的情感及仪式的衔情话语"，是任何稳定政权必不可少的支撑。[1] 国家建构情感政体来影响情感生产和流通，进而塑造自身形象和展开社会动员。情感政体包含多种类型的情感，以不同的方式支撑着政体的稳定性。比如，国家在灾难事件中表达同情，展现"富有同情心的"国家形象，是建构合法性的方式，比如林肯的"悲伤的人"（man of sorrow）形象和比尔·克林顿的口号——"我感受到你的痛苦"（I feel your pain）。[2] 全球化导致国家建构情感政体的方式更为复杂，国家不仅要对内部进行情感教育和治理，还要面向国际社会展现自己的情感形象。"情感政体"在一个国家的形成和变迁中值得关注。

[1] 威廉·雷迪：《感情研究指南：情感史的框架》，周娜译，上海：华东师范大学出版社，2020年，第171页。
[2] Xu，B.，"Moral Performance and Cultural Governance in China：The Compassionate Politics of Disasters，" *The China Quarterly*，2016(226)：426.

参考文献

一、著作

8 字路口. 地球上最伟大的一场演出. 北京：新星出版社. 2021.

［德］阿克塞尔·霍耐特. 为承认而斗争. 胡继华译. 上海：上海人民出版社，2005.

［德］阿克塞尔·霍耐特. 承认：一部欧洲观念史. 刘心舟译. 上海：上海人民出版社，2021.

［美］阿莉·拉塞尔·霍克希尔德. 心灵的整饰：人类情感的商业化. 成伯清，淡卫军，王佳鹏译. 上海：上海三联书店，2020.

［美］阿莉·拉塞尔·霍赫希尔德. 故土的陌生人：美国保守派的愤怒与哀痛. 夏凡译. 北京：社会科学文献出版社，2020.

［美］艾丽斯·M. 杨. 包容与民主. 刘明译. 南京：江苏人民出版社，2013.

［美］艾里希·弗洛姆. 逃避自由. 刘林海译. 北京：人民文学出版社，2018.

［美］段义孚. 空间与地方. 王志标译. 北京：中国人民大学出版社，2017.

［加］菲利普·汉森. 历史、政治与公民权：阿伦特传. 刘佳林译. 南京：江苏人民出版社，2004.

［英］弗兰克·菲雷迪. 恐惧：推动全球运转的隐藏力量. 吴万伟译. 北京：北京联合出版公司，2009.

［美］汉娜·阿伦特. 论革命. 陈周旺译. 南京：译林出版社，2011.

［英］基思·罗威. 恐惧与自由：第二次世界大战如何改变了我们. 朱邦芊译. 北京：社会科学文献出版社，2020.

［美］简·M. 腾格，W. 基斯·坎贝尔. 自恋时代：现代人，你为何这么爱自己?. 付金涛译. 南昌：江西人民出版社，2017.

［美］柯瑞·罗宾. 我们心底的"怕"：一种政治观念史. 叶安宁译. 上海：复旦大学出版社，2007.

［英］雷蒙德·威廉斯. 马克思主义与文学. 王尔勃，周莉译. 开封：河南大学出版社，2008.

［英］雷蒙德·威廉斯. 漫长的革命. 倪伟译. 上海：上海人民出版社，2013.

［美］理查德·罗蒂. 偶然、反讽与团结. 徐文瑞译. 北京：商务印书馆，2003.

［美］理查德·桑内特. 公共人的衰落. 李继宏译. 上海：上海译文出版社，2014.

［美］林郁沁. 施剑翘复仇案：民国时期公众同情的兴起与影响 陈湘静译. 南京：江苏人民出版社，2011.

［法］卢梭. 论人与人之间不平等的起因与基础. 李平沤译，北京：商务印书馆，2007.

［美］罗洛·梅. 焦虑的意义. 朱侃如译. 桂林：漓江出版社，2016.

［美］马克·里拉. 搁浅的心灵. 唐颖祺译. 北京：商务印书馆，2019.

［德］马克斯·舍勒. 价值的颠覆. 罗悌伦等译. 北京：生活·读书·新知三联书店，1997.

［德］马克思·舍勒. 道德意识中的怨恨与羞感. 刘小枫主编. 林克等译. 北京：北京师范大学出版社，2014.

［美］马歇尔·伯曼. 一切坚固的东西都烟消云散了：现代性体验. 徐大建，张辑译. 北京：商务印书馆，2013.

［加］马歇尔·麦克卢汉. 理解媒介：论人的延伸. 何道宽译. 北京：商务印书馆，2000.

［爱尔兰］玛丽·艾肯. 网络心理学：隐藏在现象背后的行为设计真相. 门群译. 北京：中信出版集团，2018.

［美］迈克尔·L. 弗雷泽. 同情的启蒙：18 世纪与当代的正义和道德情感. 胡靖译. 南京：译林出版社，2016.

［美］曼弗雷德·S. 弗林斯. 舍勒的心灵. 张志平，张任之译. 上

海：上海三联书店，2006.

［美］尼娜·布朗. 自私的父母. 霍淑婷译. 北京：北京联合出版公司，2016.

［英］齐格蒙特·鲍曼. 怀旧的乌托邦. 姚伟等译. 北京：中国人民大学出版社，2018.

［英］齐格蒙特·鲍曼. 流动的恐惧. 徐朝友译. 南京：江苏人民出版社，2012.

［英］齐格蒙特·鲍曼. 流动的时代：生活于充满不确定性的年代. 谷蕾，武媛媛译. 南京：江苏人民出版社，2012.

［英］齐格蒙特·鲍曼. 门口的陌生人. 姚伟等译，北京：中国人民大学出版社，2018.

［英］乔格蒙·鲍曼. 后现代性及其缺憾. 郇建立译，上海：学林出版社，2002.

［美］乔纳森·H. 特纳. 人类情感：社会学的理论. 孙俊才，文军译. 北京：东方出版社，2009.

［美］乔纳森·特纳，简·斯戴兹. 情感社会学. 孙俊才，文军译. 上海：上海人民出版社，2007.

邱林川，陈韬文主编. 新媒体事件研究. 北京：中国人民大学出版社，2011.

阮智富，郭忠新编著. 现代汉语大词典·上册. 上海：上海辞书出版社，2009.

［西班牙］塞万提斯. 堂吉诃德. 杨绛译. 济南：明天出版社，1996.

［澳］赛明顿. 自恋：一个新理论. 吴艳茹译. 北京：中国轻工业出版社，2016.

［美］莎伦·R. 克劳斯. 公民的激情：道德情感与民主商议. 谭安奎译. 南京：译林出版社，2015.

［意］史华罗. 中国历史中的情感文化. 林舒俐，谢琰，孟琢译. 北京：商务印书馆，2009.

［美］斯维特兰娜·博伊姆. 怀旧的未来. 杨德友译. 南京：译林出版社，2010.

［德］斯蒂芬·穆勒-多姆. 于尔根·哈贝马斯：知识分子与公共生活. 刘风译. 北京：社会科学文献出版社，2019.

〔英〕斯密. 道德情操论. 赵康英译. 北京：华夏出版社，2010.

〔美〕斯科特·施托塞尔. 好的焦虑. 林琳译. 北京：中信出版社，2019.

〔英〕托马斯·霍布斯. 利维坦. 黎思复，黎廷弼译. 北京：商务印书馆，2012.

王德威. 抒情传统与中国现代性. 北京：生活·读书·新知三联书店，2018.

王汎森. 思想是生活的一种方式：中国近代思想史的再思考. 北京：北京大学出版社，2018.

〔美〕威廉·雷迪. 感情研究指南：情感史的框架. 周娜译. 上海：华东师范大学出版社，2020.

〔德〕西美尔. 金钱、性别、现代生活风格. 顾仁明译，上海：华东师范大学出版社，2010、

〔英〕西蒙·巴伦-科恩. 恶的科学：论共情与残酷行为的起源. 桂林：广西师范大学出版社，2018.

〔美〕希娜·艾扬格. 选择的艺术. 林雅婷译，北京：中信出版社，2011.

〔美〕辛迪·戴尔. 同理心：做个让人舒服的共情高手. 镜如译. 北京：台海出版社，2018.

〔英〕休谟. 人性论. 关文运译. 北京：商务印书馆，1980.

许宝强. 情感政治. 香港：天窗出版社有限公司，2018.

〔德〕扬·普兰佩尔. 人类的情感：认知与历史. 马百亮，夏凡译. 上海：上海人民出版社，2021.

〔德〕尤尔根·哈贝马斯. 公共领域的结构转型. 曹卫东，王晓珏，刘北城，宋伟杰译. 上海：学林出版社，1999.

张慧. 羡慕嫉妒恨：一个关于财富观的人类学研究. 北京：社会科学文献出版社，2016.

周濂. 正义的可能. 北京：中国文史出版社，2015.

Ahmed，S. *The Cultural Politics of Emotion*. New York，NY：Routledge，2004.

Arendt，H. *Essays in Understanding*：*1930－1954*. edited and with an introduction by Jerome Kohn. Schocken Books, 1994.

Bauman, Z. *Liquid Fear*. MA: Polity Press, 2006.

Benhabib, S (ed.). *Democracy and Difference*, Princeton, NJ: Princeton University Press, 1996.

Berlant, L (ed.). *Compassion: the Culture and Politics of an Emotion*. New York and London: Routledge, 2004 .

Bloch, E. *The Principle of Hope* (N. Plaice, S. Plaice, and P. Knight, trans.). London: Basil Blackwell, 1986.

Boltanski, L. *Distant suffering: Morality, media and politics*. Cambridge: Cambridge University Press, 1999.

Bude, H. *Society of Fear*, Jessica Spengler, Malden (trans.). MA: Polity Press, 2018.

Chouliaraki, L. *The Spectatorship of Suffering*. London: SAGE Publications Ltd, 2006.

Clough, P. T. & Halley, J (ed.). *The Affective Turn: Theorizing the Social*. Durham, NC: Duke University Press, 2007.

Cohen, S. *Folk Devils and Moral Panics: The Creation of the Mods and Rockers*. London and New York: Routledge, 2011.

Frijda, N. H. *The Emotions*. New York: Cambridge University Press, 1986.

Furedi, F. *Culture of Fear: Risk-taking and the Morality of Low Expectation*. London: Continuum, 2002.

Ginzburg, C. *Wooden Eyes: Nine Reflections on Distance*. New York: Columbia University Press, 2001.

Glassner, B. *The Culture of Fear: Why Americans are Afraid of the Wrong Things*. New York: Basic Books, 1999.

Goodwin, J. , Jasper, J. , & Polletta, F (ed.). *Passionate politics: Emotions and social movements*. Chicago & London: The University of Chicago Press, 2001.

Goldstein, K. *The Organism: a Holistic Approach to Biology*. New York: American Book Co. , 1939.

Habermas. *Moral Consciousness and Communicative Action*. Christian Lenhardt and Shierry Weber Nicholsen（trans.）. MA：Polity Press，1990.

Hochshichd，A. R. *The managed heart*：*The commercialization of human feeling* Berkeley & Los Angeles，California：University of California Press，1983.

Holmes，M. *Distance Relationships*. Basingstoke：Palgrave Macmillan，2014.

Kingston，R. & Ferry，L.，*Bring the passions back in*. University of British Columbia Press，2008.

Macdonald，M. *Exploring Media Discourse*. London：Arnold，2003.

Malin，B. J. *Feeling Mediated*：*A History of Media Technology and Emotion in America*. New York：New York University Press，2014.

Malinowski，B. *Magic*，*Science*，*and Religion and Other Essays*. New York：Anchor Books，1954.

Marcus，G. E. *The Sentimental Citizen*：*Emotion in Democratic Politics*. Philadelphia：The Pennsylvania State University Press，2010.

Moeller，S. D. *Compassion Fatigue*：*How the Media Sell Disease*，*Famine*，*War and Death*. New York：Routledge，1999.

Morrell，M. E. *Empathy and Democracy*：*Feeling*，*Thinking and Deliberation*. Philadelphia：The Pennsylvania State University Press，2010.

Nussbaum，M. C. *Upheavals of Thought*：*the Intelligence of Emotions*. Cambridge：Cambridge University Press，2001.

Papacharissi，Z. *Affective Publics*：*Sentiment*，*Technology*，*and Politics*. Oxford University Press，2015.

Qian，Junxi. *Re-visioning the Public in Post-reform Urban China*：*Poetics and Politics in Guangzhou*. Springer，2018.

Reddy，W. M. *The Navigation of Feeling*：*A Framework for the History of Emotions*. Cambridge：Cambridge University Press，2001.

Richards，B. *Emotional Governance*：*Politics*，*Media and Terror*. New York：Palgrave Macmillan，2007.

Ruti，M. *Penis Envy and Other Bad Feelings*：*The Emotional Costs of*

Everyday Life，New York：Columbia University Press，2018.

Silverstone，R. *Media and Morality*：*On the Rise of the Mediapolis*. Cambridge：Polity，2006.

Solomon，R. C. *Ture to Our Feelings*：*What Our Emotions are Really Telling Us*. New York：Oxford University Press，2007.

Sontag，S. *Regarding the Pain of Others*. New York：Farrar，Straus and Giroux，2003.

Stotland，E. *The Psychology of Hope*. San Francisco：Jossey-Bass，1969 .

Tawney，R. H. *The Acquisitive Society*，New York：Harcourt，Brace & Co. ，Inc. ，1920.

Turner，J. H. *Human Emotions*：*A Sociological Theory*. New York：Routledge，2007.

Velikonja，M. *Titostalgia*：*A Study of Nostalgia for Josip Broz*. Ljubljana：The Peace Institute，2008.

Wahl-Jorgensen，K. *Emotions*，*Media and Politics*. Cambridge：Polity Press，2019.

Wetherell M. *Affect and Emotion*：*A New Social Science Understanding*. London：SAGE，2012.

Zizek，S. ，*Violence*. New York：Picador，2008.

二、期刊

查理斯·齐卡. 当代西方关于情感史的研究：概念与理论.《社会科学战线》2017 年第 10 期.

陈闯. 青年郭沫若的烦闷.《读书》2018 年第 11 期.

成伯清. 从嫉妒到怨恨——论中国社会情绪氛围的一个侧面.《探索与争鸣》2009 年第 10 期.

范昀. 恐惧时代的公共性重建：努斯鲍姆论公共生活中的恐惧.《学海》2019 年第 4 期.

郭小安. 网络抗争中谣言的情感动员：策略与剧目.《国际新闻界》2013 年第 12 期.

郭小安，王木君. 网络民粹事件中的情感动员策略及效果.《新闻界》

2016 年第 7 期.

赫拓德，安德鲁·罗斯. 情感转向：情感的类型及其国际关系影响.《外交评论》2011 年第 4 期.

蒋建国. 网晒成瘾：身份焦虑、装饰性消费与自恋主义文化传播.《南京社会科学》2018 年第 2 期.

李保森. "佛系青年"：观念、认同与社会焦虑.《当代青年研究》2019 年第 2 期.

李凯，徐艳，杨沈龙，郭永玉. 群体愤怒影响集群行为意向的阶层差异.《心理科学》2018 年第 4 期.

林宇玲. 网路与公共领域：从审议模式转向多元公众模式.《新闻学研究》2014 年总第 118 期.

孟宁. 青年的烦闷.《现代中学生》1930 年第 1 卷第 5 期.

弭维. 政治情感的认知特性、社会功能及其对正义的影响.《国外理论动态》2016 年第 8 期.

孙传钊. 阿伦特两论.《中国图书评论》2011 年第 1 期.

孙飞宇. 自恋与现代性：作为一个起点的"冯小青研究".《社会学评论》2021 年第 2 期.

孙玮. 融媒体生产：感官重组与知觉再造.《新闻记者》2019 年第 3 期.

孙五三. 批评报道作为治理技术：市场转型期媒介的政治-社会运作机制.《新闻与传播评论》2002.

孙一萍. 情感表达：情感史的主要研究面向.《史学月刊》2018 年第 4 期.

唐慧云. 中下层白人的愤怒：特朗普现象的社会根源.《世界知识》2016 年第 8 期.

王晴佳. 拓展历史学的新领域：情感史的兴盛及其三大特点.《北京大学学报》2019 年第 4 期.

杨国斌. 悲情与戏谑：网络事件中的情感动员.《传播与社会学刊》2009 年总第 9 期.

杨国斌. 情之殇：网络情感动员的文明进程.《传播与社会学刊》2017 年总第 40 期.

尹碧茹，刘志军. 网络情绪：理论、研究方法、表达特性及其治理.

《心理研究》2021 年第 5 期.

尹小隐. 苦闷的出路在哪儿?.《中国青年》2015 年第 23 期.

袁光锋. 合法化框架内的多元主义.《新闻与传播研究》2012 年第 4 期.

袁光锋. 情为何物? 反思公共领域研究的理性主义范式.《国际新闻界》2016 年第 9 期.

袁剑. 中国的"痛苦"与西方的"被痛苦": 两部作品勾起的记忆.《中国图书评论》2011 年第 11 期.

张慧, 黄剑波. 焦虑、恐惧与这个时代的日常生活.《西南民族大学学报》2017 年第 9 期.

张慧. 情感人类学研究的困境与前景.《广西民族大学 (哲学社会科学版)》2013 年第 6 期.

张雅贞. 情感与社会批判: 人类社会行动的情感解释.《思与言》2012 年第 50 卷第 4 期.

赵国新. 情感结构.《外国文学》2002 年第 5 期.

赵静蓉. 现代怀旧的三张面孔.《文艺理论研究》2003 年第 1 期.

周晓虹. 社会心态、情感治理与媒介变迁.《探索与争鸣》2016 年第 11 期.

祝鹏程. 怀旧、反思与消费:"民国热"与当代民国名人轶事的制造.《民族艺术》2017 年第 5 期.

左稀. 情感与认知: 玛莎·纳斯鲍姆情感理论概述.《道德与文明》2013 年第 5 期.

Adler-Nissen, R., Andersen, K. E., & Hansen, L., Images, Emotions, and International Politics: the Death of Alan Kurdi. *Review of International Studies*, 2020, 46 (1).

Ahmed, S., Affective Economies. *Social Text*, 2004, 22 (2).

Barnett, D. & Ratner, H. H. Introduction: The Organization and Integration of Cognition and Emotion in Development. *Journal of Experiment Child Psychology*, 1997 (67).

Batcho, K. I. Nostalgia: The Bittersweet History of a Psychological Concept. *History of Psychology*, 2013, 16 (3).

Beattie, A. R., Eroukhmanoff, C., Head, N., Introduction: Interrogating the "Everyday" Politics of Emotions in International Relations. *Journal of International Political Theory*, 2019, 15 (2).

Bickford, S. Emotion Talk and Political Judgment. *The Journal of politics*, 2011, 73 (4).

Bleiker, R. & Hutchison, E. Fear No More: Emotions and World Politics, *Review of International Studies*, 2008 (34).

Boiger, M. & Mesquita, B. The Construction of Emotion in Interactions, Relationships, and Cultures. *Emotion Review*, 2012, 4 (3).

Brauer, J. Empathy as an Emotional Practice in History Pedagogy. *Miscellanea Anthropologica et Sociologica*, 2016, 17 (4).

Braithwaite, V. Collective Hope. *The ANNALS of the American Academy of Political and Social Science*, 2004, 592 (1).

Bunis, W. K., Yancik, A. and Snow, D. A., The Cultural Patterning of Sympathy toward the Homeless and Other Victims of Misfortune. *Social Problems*, 1996, 43 (4).

Burkhalter, S., Gastil, J. and Kelshaw, T., A Conceptual Definition and Theoretical Model of Public Deliberation in Small Face-to-Face Groups. *Communication Theory*, 2002, 12 (4).

Carter, A. Nationalism and Global Citizenship. *Australian Journal of Politics & History*, 1997, 43 (1).

Casey, E. The World of Nostalgia. *Man and World*, 1987 (20).

Chouliaraki, L. The Mediation of Suffering and the Vision of a Cosmopolitan Public. *Television & New Media*, 2008, 9 (5).

Clark, C. Sympathy Biography and Sympathy Margin. *American Journal of Sociology*, 1987, 93 (2).

Degerman, D. Within the Heart's Darkness: the Role of Emotions in Arendt's Political Thought. *European Journal of Political Theory*, 2019, 18 (2).

Enomoto, C. E. Public Sympathy for O. J. Simpson: The Roles of Race, Age, Gender, Income, and Education. *American Journal of Economics and Sociology*, 2010, 58 (1).

Felson, R. B. & Gmelch, G. Uncertainty and the Use of Magic. *Current Anthropology*, 1979, 20 (3).

Flam, H. Anger in Repressive Regimes: A Footnote to Domination and the Arts of Resistance by James Scott. *European Journal of Social Theory*, 2004, 7 (2).

Forman-Barzilai, F. Sympathy in Space (s): Adam Smith on Proximity. *Political Theory*, 2005, 33 (2).

Fox, C. Public Reason, Objectivity, and Journalism in Liberal Democratic Societies. *Res Publica*, 2013 (19).

Fraser, N. Rethinking the Public Sphere: A Contribution to the Critique of Actually Existing Democracy. *Social Text*, 1990 (25/26).

Gibson, J., Claassen, C., & Barceló, J., Deplorables: Emotions, Political Sophistication, and Political Intolerance. *American Politics Research*, 2020, 48 (2).

Hamilton, K., Edwards, Sarah., Hammill, F., Wagner, B. & Wilson, J. Nostalgia in the Twenty-first Century. *Consumption Markets & Culture*, 2014, 17 (2).

Heins, V. Reasons of the Heart: Weber and Arendt on Emotion in Politics. *The European Legacy*, 2007, 12 (6).

Höijer, B. The Discourse of Global Compassion: the Audience and Media Reporting of Human Suffering. *Media, Culture & Society*, 2004, 26 (4).

Hokka, J. & Nelimarkka, M., Affective Economy of National-populist Images: Investigating National and Transnational Online Networks Through Visual Big Data. *New Media & Society*, 2020, 22 (5).

Holmes, M. Feeling Beyond Rules: Politicizing the Sociology of Emotion and Anger in Feminist Politics. *European Journal of Social Theory*, 2004, 7 (2).

Holmes, M. The Importance of Being Angry: Anger in Political Life. *European Journal of Social Theory*, 2004, 7 (2).

Hunt, A. Anxiety and Social Explanation: Some Anxieties and Anxiety. *Journal of Social History*, 1999, 32 (3).

Jasper, J. M. Constructing Indignation: Anger Dynamics in Protest Movements. *Emotion Review*, 2014, 6 (3).

Jasper, J. M. Emotions and Social Movements: Twenty Years of Theory and Research. *Annual Review of Sociology*, 2011 (37).

Jeffries, F. Mediating Fear. *Global Media and Communication*, 2012, 9 (1).

Joye, S. The Hierarchy of Global Suffering: A Critical Discourse Analysis of Television News Reporting on Foreign Natural Disasters. *Journal of International Communication*, 2009, 15 (2).

Kaur, B. , "Politics of Emotion": Everyday Affective Circulation of Women's Resistance and Grief in Kashmir. *Ethnography*, 2021, 22 (4).

Krause, S. Desiring Justice: Motivation and Justification in Rawls and Habermas. *Contemporary Political Theory*, 2005 (4).

Krause, S. R. Empathy, Democratic Politics, and the Impartial Juror. *Law, Culture and the Humanities*, 2011, 7 (1).

Krause, S. R. The Liberalism of Love (reviewing Political Emotions: Why Love Matters for Justice by Martha C. Nussbaum). *University of Chicago Law Review*, 2014, 81 (2).

Kyriakidou, M. Imagining Ourselves Beyond the Nation? Exploring Cosmopolitanism in Relation to Media Coverage of Distant Suffering. *Studies in Ethnicity and Nationalism*, 2009, 9 (3).

Lazarus, R. S. Thoughts on the Relation Between Emotion and Cognition. *American Psychologist*, 1982, 37 (9).

Lee, Haiyan. All the Feelings That Are Fit to Print: The Community of Sentiment and the Literary Public Sphere in China, 1900–1918. *Modern China*, 2001, 27 (3).

Linklater, A. Anger and World Politics: How Collective Emotions Shift Over Time. *International Theory*, 2014, 6 (3).

Lutz, C. , & White, G. M. The Anthropology of Emotions. *Annual Review of Anthropology*, 1986, 15 (1).

Lyman, P. The Domestication of Anger: The Use and Abuse of Anger in Politics. *European Journal of Social Theory*, 2004, 7 (2).

McDermott, R. The Feeling of Rationality: The Meaning of Neuro-scientific Advances for Political Science. *Perspectives on Politics*, 2004, 2 (4).

McGuigan, J. The Cultural Public Sphere. *European Journal of Cultural Studies*, 2005, 8 (4).

Mercer, J. Feeling Like a State: Social Emotion and Identity. *International Theory*, 2014, 6 (3).

Miceli, M. & Castelfranchi, C. Hope: The Power of Wish and Possibility. *Theory & Psychology*, 2010, 20 (2).

Muldoon, P. The Moral Legitimacy of Anger. *European Journal of Social Theory*, 2008, 11 (3).

Nelson, D. The Virtues of Heartlessness: Mary McCarthy, Hannah Arendt, and the Anesthetics of Empathy. *American Literary History*, 2006, 18 (1).

Ng, K. H. & Kidder, J. L. Toward a Theory of Emotive Performance: With Lessons from How Politicians Do Anger. *Sociological Theory*, 2010, 28 (2).

O'Rorke & Ortony. Explaining Emotions. *Cognitive Science*, 1994, 18 (2).

Okin, S. M. Reason and Feeling in Thinking about Justice. *Ethics*, 1989, 99 (2).

Ong, J. C. The Cosmopolitan Continuum: Locating Cosmopolitanism in Media and Cultural Studies. *Media, Culture & Society*, 2009, 31 (3).

Ost, D. Politics as the Mobilization of Anger: Emotions in Movements and in Power. *European Journal of Social Theory*, 2004, 7 (2) .

Park, R. E. , News as a Form of Knowledge: A Chapter in the Sociology of Knowledge. *American Journal of Sociology*, 1940, 78 (1).

Pettigrove, Glen & Tanaka, Koji. Anger and Moral Judgment. *Australasian Journal of Philosophy*, 2014, 92 (2).

Reshaur, K. Concepts of Solidarity in the Political Theory of Hannah Arendt. *Canadian Journal of Political Science*, 1992, 25 (4).

Rossin, A. D. Marketing Fear: Nuclear Issues in Public Policy. *A-merican Behavioral Scientist*, 2003, 46 (6).

Routledge, C. , Arndt, J. , Wildschut, T. , Sedikides, C. , Hart, C. , Juhl, J. , et al. The Past Makes the Present Meaningful: Nostalgia as an Existential Resource. *Journal of Personality and Social Psychology*, 2011 (101).

Routledge, C. , Wildschut, T. , Sedikides, C. , Juhl, J. & Arndt, J. The power of the past: Nostalgia as a meaning-making resource. *Memory*, 2012, 20 (5).

Scheer, M. Are Emotions a Kind of Practice (and Is That What Makes Them Have a History)?: A Bourdieuian Approach to Understanding Emotion. *History and Theory*, 2012 (51).

Swaine, L. A. Blameless, Constructive, and Political Anger. *Journal for the theory of social behavior*, 1996, 26 (3).

Tudor, A. A. (Macro) Sociology of Fear?, *The Sociological Review*, 2003, 51 (2).

Wahl-Jorgensen, K. Media Coverage of Shifting Emotional Regimes: Donald Trump's Angry Populism. *Media, Culture & Society*, Crosscurrents Special Section: Media and the Populist Moment, 2018.

Wahl-Jorgensen, K. The Strategic Ritual of Emotionality: A Case Study of Pulitzer Prize-winning Articles. *Journalism*, 2013, 14 (1).

Wallerstein, I. The Anatomy of Fear, *Commentary*, 2010 (281).

Wilding, R. , Baldassar, L. , Gamage, S. , Worrell, S. , Mohamud, S. , Digital Media and the Affective Economies of Transnational Families. *International Journal of Cultural Studies*, 2020, 23 (5).

Xu, Bin. Moral Performance and Cultural Governance in China: The Compassionate Politics of Disasters. *The China Quarterly*, 2016 (226).

Zaromb, F. M. , Liu, J. H. , Dario P. , Katja H. , Putnam, A. L. , Roediger, H. L. III. We Made History: Citizens of 35 Countries Overestimate Their Nation's Role in World History. *Journal of Applied Research in Memory and Cognition* 2018, 7 (4).

Zhu，Q. ，Weeks，B. E. ，Kwak，N. ，Implications of Online Inci-
dental and Selective Exposure for Political Emotions：Affective Polariza-
tion During Elections. *New Media & Society*，2021（December 01）.

三、其他文献

曹林. 你们总在说底层沦陷和互害，范雨素报之以歌.《中国青年报》
2017 年 4 月 28 日第 5 版.

程姝雯. 李克强：决不让留守儿童成为家庭之痛社会之殇.《南方都
市报》2016 年 1 月 28 日第 A17 版.

淡豹. 关于范雨素的手记. 访问日期：2018 年 10 月 17 日. 取自 ht-
tps：//www. jiemian. com/article/1275141. html. 2017 年 4 月 25 日.

郭睿. 范雨素"消失"后，我们挖到了更多的内幕. 访问日期：2019
年 6 月 20 日. 发表日期：2017 年 4 月 28 日. 取自凤凰网 http：//fi-
nance. ifeng. com/a/20170428/15328045 _ 0. shtml.

黄帅. 心灵鸡汤难解"空巢青年"的苦闷.《德州晚报》2016 年 9 月
8 日第 2 版.

黄小伟. 南京：9 月 14 日被个人恩怨击中.《新闻周刊》2002 年第 29
期.

简美玲. 人类学与民族志书写里的情绪、情感与身体感. 身体感的转
向. 余舜德编. 台北：台大出版中心，2015.

人民论坛问卷调查中心. 不同群体"弱势"感受对比分析报告："弱
势"缘何成普遍心态. 人民网，http：//politics. people. com. cn/GB/
1026/13402538. html.

土木. 所谓的"脱欧公投"，不过是一场怀旧. 观察者网，https：//
www. guancha. cn/TuMu/2016 _ 06 _ 23 _ 365076. shtml，2016 年 6 月
23 日.

汶金让. "表哥"杨达才：一笑毁前程.《民主与法制时报》2013 年
9 月 9 日第 2 版.

小桂，娟子. 失业后的苦闷日子.《石狮日报》2009 年 5 月 17 日第
4 版.

项飙. 悬浮时代：不要去想今天的事情对明天有什么意义. 2019 年，
喜马拉雅音频讲座：https：//www. ximalaya. com/gerenchengzhang/

29648636/218163126.

徐悦东. 田丰:"三和大神"的是是非非,勾连起中国发展问题的角落.《新京报》2020年8月15日,https://www. bjnews. com. cn/detail/159745963715497. html.

佚名."弱势感"何时消散?.《第一财经日报》2012年3月29日.

佚名. 李克强就电影《我不是药神》引热议作批示. 中国政府网2018年7月18日,http://www. gov. cn/guowuyuan/2018-07/18/content_5307223. htm.

周宽玮. 贵州4留守儿童疑中毒死亡地区:3年前5孩子垃圾箱内身亡. 澎湃新闻2015年6月10日,https://www. thepaper. cn/newsDetail_forward_1340433.

周倩嘉. 特朗普在政治中的"愤怒"表达——基于对特朗普"推特"的分析. 南京大学毕业论文,2019.

周翼虎. 自由的抗争与自觉地入笼. 北京大学社会学系博士论文,2008.

Chen,X. Between Defianceand Obedience:Protest OpportunisminChina. In Perry,E. J. & Goldman,M(ed.). *Grassroots Political Reform in Contemporary China*,Harvard University Press,2007.

Fischer,K. W. & Tangney,J. P. Introduction:Self-Conscious Emotions and the Affect Revolution:Framework and Overview. in Tangney,J. P. & Fischer,K. W. (ed.),*Self-conscious Emotions:The Psychology of Shame*,*Guilt*,*Embarrassment*,*and Pride*,New York:The Guilford Press,1995.

Himmelfarb,G. The Illusions of Cosmopolitanism. in Nussbaum,M. C. ,et. al.(Cohen,J. ,ed.)*For Love of Country*? Boston:Beacon Press,2002.

Hoggett,P. Pity,Compassion,Solidarity. Edited by Simon Clarke,Paul Hoggett and Simon Thompson. *Emotion*,*Politics and Society*. Palgrave. 2006.

Lindell,J. Cosmopolitanism in a Mediatized World:the Social Stratification of Global Orientations. Dissertation. Karlstad University Studies, 2014.

Madianou, M. M. *Mediating the nation*: *news*, *audiences and identities in contemporary Greece*. PhD thesis, The London School of Economics and Political Science (LSE), 2002.

Pantti, M. & Tikka, M. Cosmopolitan empathy and user-generated disaster appeal videos on YouTube. Benski, T & Fisher, E. (ed.). *Internet and Emotion*. Routledge, 2014.

Parrott, W. G. The Emotional Experiences of Envy and Jealousy. in Salovey, P. (ed.) *The Psychology of Jealousy and Envy*. New York: Guilford Press, 1991.

Ramzy, R. I. Communicating Cosmopolitanism: An Analysis of the Rhetoric of Jimmy Carter, Vaclav Havel, and Edward Said. Dissertation. Georgia State University, 2006.

Young, I. M. Communication and the Other: Beyond Deliberative Democracy. In*Democracy and Difference*, ed. Seyla Benhabib, Princeton, NJ: Princeton University Press. 1996.

后　记

　　"情"在中国传统文化和政治伦理中占据重要的位置，在当代中国，"情"的问题变得更为复杂。人们一方面感慨世态炎凉，人心不古，人与人之间的情感变得淡薄。另一方面，对于情感的需求却在高涨。形形色色的媒体提供情感消费，言情剧、情歌、情感类调解节目、网络情感咨询等，变着花样地满足着人们的情感需求。书店里的心灵鸡汤类图书（不少都是畅销书）被人们用来治疗情感、安抚情绪。在公共空间中，我们也能够经常感受到社会情感的汹涌澎湃，同情、怨恨、烦闷、焦虑等，都构成了当代中国公共空间的情感特质。

　　2013 年博士毕业之后，我开始转向"情感与公共生活"研究，最初的兴趣来自对理论的追求。当时学界在讨论公共领域、公共舆论时，占主导地位的是哈贝马斯的理性主义范式。我思考在这一范式之外是否有另一种可能路径，偶然遇到情感研究的领域。然而，一旦进入这一领域，我便发现它与自己的情感体验有着紧密的联系，对它的偏爱就不再仅仅是理论上的兴趣。情感研究在帮助我理解这个难以捉摸的时代。我们为什么一边晒着"小确幸",一边又难掩焦虑？个体的苦闷与这个时代有着什么样的关系？我们怎样看待他人的痛苦？为什么网络空间中常常充满暴戾之气？人们如何表达自己的愤懑、不满？这个时代的情感与历史有何关联？正是这些问题引导着我对"情感"的思考。在这样一个剧烈变迁的时代，我实在难以以超然物外的心境做研究，而是被一种想读懂社会的冲动牵引着。朋友笑我为什么研究的多是"负面情感"，这其实与我对情感研究的理解有关。我认为，情感研究必须能帮助人们反思社会问题，故而选择了那些（在我看来）更有助于理解社会问题的情感——愤怒、恐惧、怨恨、怀旧、焦虑，等等。我坚信对这些情感的研究具有社会批判的功能。

书稿完成，我本应长舒一口气，却突然犹疑和心虚，甚至陷入自我怀疑。本书聚焦于理论，忽视了人们丰富的现实生活。我很喜欢歌德的"理论是灰色的，生命之树常青"这句话，这也是我喜欢情感研究的原因——它让我去理解人们幽微、细腻的情感体验和丰富的情感表达，让我去感受世界，而不仅仅是用理论解释世界。但由于时间不足、能力有限，本书没有能够实现预想目标，没有面对常青的生命之树，不得不把丰富的情感化约为一个个理论概念，这是我最遗憾的地方。写作过程中，我对理论也有了更多反思。我在用理论解释复杂的情感文化、社会现实时，常有一种无力感，总觉得理论在有些时候会成为和现实世界接触的阻碍。理论也容易让人产生思维的偷懒——仿佛几个理论、概念一套用，想法就深刻了，现实就井然有序、容易理解了。

我对本书的局限了然于心。

我也相信理论研究的价值。理论可以扩展我们的视野和体验。我们生活在特定的时空中，只能拥有极为有限的经历，但每一个好的理论背后都包含着人类丰富的经验，它帮助我们"见树又见林"，延长我们的思维链条，丰富认知的层次。理论也让我们在纷杂的现象中看到其中的逻辑，它把批判的矛头指向一系列结构性的因素，尊重个体，例如，焦虑的理论分析，批判的并不是个人的焦虑，而是那些引发全民焦虑的结构性因素。好的理论可以让我们不盲从，更平静地去思考，而不是陷入情绪之中。当明白了恐惧产生的逻辑及其政治后果之后，我们对疫情中的恐慌也许会增加一些自我反思。这些都是我依然喜爱理论研究的原因。我觉得把各类情感、现象用理论概念分析清楚是一件让人着迷的事情。

从理论研究的角度看，本书作为我的第一本学术著作，尚有诸多不成熟之处，但给了我看待社会问题的新视角。它为我后续研究提供了支撑——我希望能够以此为基础，进入情感史和情感人类学的领域，直面各个时代鲜活的情感世界，去感受、理解和解释。

我要向许多人表达谢意。感谢我的硕士生导师邓利平老师。2007 年，我从武汉大学来到南京大学读研究生，自此之后，邓老师一直关心和指导我的研究，并以宽厚、阔达的生活态度影响着我。感谢我的博士生导师张凤阳老师。2010 年，我从新闻学考入政治学理论专业攻读博士学位。知识结构上的欠缺让我在新的专业学习时有些吃力，而博士毕业的发表要求又迫使我回到较为熟悉的新闻传播学领域写文章，总是感觉手忙脚乱，政治学没有学好，新闻传播学的研究也没有做好，眼见读博的时间一点点流逝，人处于焦虑的状态。张老师一边指导我如何进入政治学领域，一边坦诚地指出我的不足，帮助我适应学习的节奏，调整研究的心态。在我博士毕业之后，他一如既往地关心我的研究和工作。记得在博士论文答辩之后，张老师约我到校门口的一家餐馆，边吃边聊，加一点小酒。他讲了自己的人生经历，告诉我为什么应该以平和的心态做研究，不要走向偏激。这次聊天深深地影响了我后来的研究立场。张老师也多次告诉我们要做有温度、有思想、有胸怀、有趣味的研究，可惜我远远没有达到。感谢我的同门——王海洲师兄、陈肖生、于京东、成婧、罗宇维、曹龙虎等，他们以出色的研究鞭策着我，让我不敢懈怠。

感谢哥伦比亚大学林郁沁教授，如果没有她那本精彩的《施剑翘复仇案》，我可能不会接触到情感研究这一领域，更感谢林老师给我赴哥伦比亚大学东亚研究所进行访问的机会，在那里心无旁骛地阅读、学习，让我更系统地了解情感研究的脉络。哥大一年，终生难忘。感谢南京大学孙江老师。尽管本书尚未进入情感史这一领域，但孙老师在情感史研究上的指点让我受益匪浅，引导我下一步的方向。感谢浙江大学黄旦老师。

我多次冒昧地把完成的文章发给黄老师，每次总能收到详尽的批评意见。黄老师近乎"苛刻"的学术要求和真诚的学术追求，让我在写作中常有一种战战兢兢的感觉。感谢夏倩芳老师带领我进入经验研究的领域，她对社会问题的犀利洞见和价值关怀鼓励着我。夏老师带着我做过几个研究，指导我如何提问、如何组织材料、如何写作文献综述等，这影响了我的研究兴趣和取向。感谢南京大学社会学院成伯清教授。成老师在情感社会学领域的丰富成果一直启发着我，并在愤怒等情感的研究上给我非常多的指点。感谢澳门大学刘世鼎教授。我和刘老师研究兴趣非常相近，从 2021 年开始，我学习了刘老师开设的线上讲座，并通过微信、邮件等方式多次与刘老师交流。在情感理论、情感研究的问题意识上，我获益良多。在香港城市大学、香港中文大学短期访学期间，我提交的文章和研究计划都与情感有关，李金铨教授、邱林川教授、陈韬文教授、李立峯教授、杨国斌教授（2016 年，杨老师在香港中文大学参加会议）的指导，令我难忘。感谢浙江大学范昀副教授。我们曾多次交流情感研究的议题，他的眼光和人文情怀，常常让我深感自己的浅薄与不足。感谢卞冬磊、陈科、乐媛、刘于思、周睿鸣、闫岩、冯强，微信中的"群聊"给枯燥的学术生活带来了许多支持和愉悦。中国人民大学王子伊同学发来不少相关文献，让本书的写作和修改更加顺利，特此致谢。

　　书中部分章节曾以论文的方式在学术会议、讲座和期刊上发表。感谢潘忠党老师、黄月琴老师、刘海龙老师、李红涛老师、李艳红老师、闫文捷老师、朱鸿军老师、黄广生老师、郭小安老师、张杰老师、张森老师、刘阳老师、刘双庆老师、刘于思老师、冯强老师、俞凡老师、闫岩老师、陈楚洁老师等师友的点评和批评，逼迫我面对自己研究的许多不足，铭记在心。对一位青年研究者来说，坚持一个研究领域，离不开期刊的支持。感谢《新闻与传播研究》《国际新闻界》《传播与社会学刊》《南京大学学报》《南京社会科学》《新闻记者》《现代传播》《学海》《湖南师范大学学报》《西北师大学报》，没有这些期刊的鼓励，本项研究难以为继。

感谢南京大学新闻传播学院的师友，周海燕老师、胡翼青老师、李晓愚老师、杜骏飞老师、王辰瑶老师、张红军老师、郑欣老师、王佳鹏老师、李兰博士，以不同的方式，给本书研究以启发，鼓励着我的研究。2020 级硕士生李冰清、叶瑞恒同学阅读了本书初稿，指出许多问题并提出修改建议，谢谢你们。

江苏人民出版社杨建平、曾偲、王暮涵三位老师多次给予关心和帮助，让书稿得以顺利出版。曾老师负责本书的编辑工作，细致地纠正了书稿中存在的标点符号、注释格式、语言表达等一系列问题，并在行文风格、写作逻辑等方面给出真诚的建议。和她多次的交流，让我更清楚地知道自己写作中存在的不足。王暮涵老师就写作问题给出许多中肯的建议，为书稿的完善提供了非常重要的帮助。

　　感谢我的父母。特别是我的母亲，她总是倾其所有地支持着我，教我学会自立、自强。她对待生活的坚韧一直激励着我。可惜，本书出版时，我却再也没有机会在她面前"嘚瑟"了。

袁光锋

2022 年 9 月 14 日于南京

"政治现象学丛书"书目